向上生长

九边——著

Grow
Up

贵州出版集团
贵州人民出版社

图书在版编目（CIP）数据

向上生长 / 九边著. -- 贵阳：贵州人民出版社，2020.6（2024.12重印）
ISBN 978-7-221-14802-5

Ⅰ.①向… Ⅱ.①九… Ⅲ.①人生哲学—青年读物 Ⅳ.① B821-49

中国版本图书馆 CIP 数据核字（2020）第 055736 号

向上生长 XIANGSHANG SHENGZHANG

九边 著

出 版 人	朱义迅
总 策 划	陈继光
责任编辑	唐 博
装帧设计	末末美书
出版发行	贵州人民出版社（贵阳市观山湖区会展东路 SOHO 办公区 A 座，邮编：550081）
印 刷	天津光之彩印刷有限公司（天津市宝坻区潮阳工业区管委会路东 1 号，邮编：301822）
开 本	880 毫米 ×1230 毫米 1/32
字 数	156 千字
印 张	8
版 次	2020 年 6 月第 1 版
印 次	2024 年 12 月第 5 次印刷
书 号	ISBN 978-7-221-14802-5
定 价	45.00 元

版权所有 盗版必究。举报电话：策划部 0851-86828640
本书如有印装问题，请与印刷厂联系调换。联系电话：022-29644996

CONTENTS [目录]

第一章
成为一个很厉害的人

为什么要学习及如何学习　003

当你毕业后，如何继续学习　009

厉害的人的工作和学习心得　017

关于积累、精进、进阶　024

关于记忆、链接的一些思考　029

第二章
财富的本质

如何向上跨越阶层　035

理解"资源边界"，忘记"边界"　046

《贫穷的本质》这本书到底说了什么　051

穷人翻身有多难　062

"贫穷陷阱"到底是什么　077

链接即财富　091

第三章

认知突围

掉进坑里如何爬出来　097

是什么让我们变得更强　106

承认平庸可能才是进步的第一步　114

你需要在生活中加入不确定性　130

第四章

积极才是硬道理

如何坚持下去并且成事　147

娱乐到底是怎么致死的　156

为什么"丧尸文化"越来越严重　167

第五章

年轻的时候，我们该如何选择

不要偷懒，也不要耍机灵　183

不要把你的想当然作为选择的依据　189

技术才是硬通货　193

第六章

看懂趋势,掌控未来

最可怕的事,是你对"经济周期"一无所知　207

富人是怎么赚钱的　219

零利率到底是不是人们翻身的机会　231

第一章

成为一个很厉害的人

为什么要学习及如何学习

我在微信公众号上写文章半年左右的时候,被问得最多的一个问题是:听说你也是"996[①]"(事实上北京绝大部分科技公司都是这样作息的),怎么有时间看书、写文章的?

先说一个逻辑吧,解释下一个人为什么需要学习。有个定律叫热力学第二定律,如果之前没听说过这个定律,也别慌张,这个定律是自然界最普遍的一个定律,以至于这种定律在哪里都存在。说的是一个孤立的系统不持续输入能量都是死路一条。比如一个炉子里不添加柴火,人不吃饭,绿洲没有雨水,系统会迅速坍塌,最后会变成一种稳定的低活跃状态,灰烬,死亡,沙漠。

所有系统都有一种自毁趋势,往"熄灭"或者"圆寂"方向

---

① "996":早上九点上班,晚上九点下班,一周工作六天。

发展。这个趋势，就叫"熵增"。

为了维持系统，需要持续地输入能量，这种持续输入的能量我们就叫"负熵流"，柴火，食物，阳光，都是负熵流。如果太阳熄灭了，地球也就完了，因为负熵源没了，地球生态系统也就自毁了。你不吃饭，你就废了，因为饭就是你的能量输入，你的"负熵流"。这些专用名词其实不重要，重要的是理解这就是水往低处流的趋势。

古人说，水往低处流，人往高处走。其实前半句说的是事物的趋势，后半句说的是一种"非常态"。要跟趋势较劲，需要额外的注意力和精力才行。

为什么一个人看抖音不知不觉两小时就过去了，背单词一个小时就跟遭受酷刑似的？就是因为前者是顺应"不进则退的趋势"，后者则是逆趋势的，逆趋势的东西基本都不会让人太舒服。

这种持续输入的能量，除了物质，还有信息，如果系统里不持续输入信息，也会变成灰烬。很多人经常的表现是"三十岁之后就死了"，不再接受新信息，不再接受新挑战，以为自己懂了。或者觉得自己反正也学不会，就不再学习了，依赖存量的

第一章　成为一个很厉害的人

知识，结果就会像炉子里的火焰一样，最后慢慢熄灭，直至变成灰。任何系统或者人都非常容易走上这条路，因为走下坡路、自毁、"熵增"，都是自然趋势。

外部的挑战，新的知识，新技能的学习，都是系统或者人的"负熵流"，只有那种有持续输入的系统或者个人才有活路。对于成年人来说，持续输入的信息就是知识。

一般情况下，知识有两种，一类知识是实践型的，也就是书籍里没有的，或者书籍里有但是不容易找到的。比如怎么待人接物，怎么"搬砖[①]"，毕竟每个人搬的砖都不太一样，有很多技巧在里边。这类知识非常关键，往往是立竿见影的，而且对一个人来说事关重大，必须优先掌握。

当你学习了基础知识以后，如果你的生活中每天都接触全新的知识，你确实没必要计较看多少书。商人在这一点上非常明显，他们可能看书并不是很多，但是一直在解决各种难题，一直在实践中持续学习和思考，时间长了就变得非常不得了。

可是对于99%的人来说，他们进入一个新环境半年之后就稳

[①] 搬砖：在网络语中，引申为工作辛苦、重复机械的工作，这里特指工作。

定了，基本没什么新的知识摄入了。也就是说，当一个人经历过一段时间痛苦的爬坡之后，就迅速进入稳定状态了，没有新信息摄入了。你没有新的负熵流摄入，你的这个系统就在加速衰退。这时候你就得想办法提升自己了。

另一类知识就是书本上的知识。书本上的知识一般用处比较小，但是当一个人的知识大规模地积累，到一定程度以后，就会出现"涌现"效应。这就跟冲厕所时会出现一个漩涡一样，单个水分子没有漩涡这个属性，但是聚集在一起就有了。

很多厉害的人花了很长时间费了很大力气，也没有收获很大的成绩，可是某一天突然有了突破性进展，但是你无论如何也不会有人家的进展，就是因为他的突破是在他的积累上"涌现"出来的，是规模的产物。知识越多，涌现效应越明显。

上班族怎么积累呢？我一般每天强迫自己看两页书。事实上最难的事就是坐到书桌前翻开书，只要翻开了，看书难的问题就解决了98%。当我拿起一本书之后，我经常可以看一二十页，所以一本书用不了多久就看完了。只要你坚持重复这些行为，每年看的书就会越来越多。

一个人在读每本书的过程中，都会有个消化阶段，也就是说怎么让这些知识在脑子里溜达一圈，吸收一下。之前我们讲编程的时候，会说把代码自己敲一遍用以吸收和巩固这些知识。不过读书过程中肯定没法把书抄一次。我的方法就是把收获的新知识发一条微博，再加进去一点之前学习到的东西。这个过程坚持下来，就会对之前读过的书有个记录，也吸收了一遍刚学的知识，同时练习了文笔。

此外，这几年有个很不好的现象，叫碎片化阅读。为啥说这种现象不好呢？因为人的大脑是"关系型数据库"，也就是说你记住的所有东西都依赖我们大脑里已经有的东西。举个例子，一个原始人看到了泰坦尼克号，他是想不明白这是什么东西的，但是你就算没见过泰坦尼克号，你也能大概知道它是什么事物，这是因为你见过别的船（哪怕你并没见过真实的船，在书籍、电视或者电脑里见过也算）。当你把两个事物关联起来，就大概能猜出这东西应该是一艘型号大一点的船了。

碎片化的东西由于缺乏"触点"，和现有知识连不起来，下次想用的时候也想不出来。我上面说自己组织语言写条微博记录下新知识，就是把新知识和已经有的关联一下。如果新知识连不到你的"认知树"上，很快就会忘了，就跟从来没出现过一样。

学习本身依赖你积累的知识的规模。你对一件事了解得越多，学得越快。比如一个木匠，他只学会用锤子，基本什么也搞不出来，后来又学会了用锯子，配合锤子就可以搞出点东西了，再后来他学会了刨子、凿子等，当他的工具箱全了，而且这些工具都会用之后，折腾出来的东西也越来越复杂，甚至别人做出来的东西他看一眼就明白个大概，不断地折腾，说不定就复制出来了。

当你毕业后，如何继续学习

我跟多数人一样，都是上班族，想学习只能利用业余时间。我业余爱好是偶尔写点东西，这和大学专业没有什么关系。很多读者也想借鉴一下我的学习方法，我现在就分享一下这些方法。

首先，我们讨论第一个问题：看书到底有用没？这事按理说是不用讨论的，但是不知道为什么很多人一直在怀疑读书有用这回事。这两年，我在写微信公众号、写微博的过程中，认识了不少自媒体大V[①]，他们的阅读量非常高。前段时间马前卒说，他每年都得浏览几千万字，其他自媒体大V也一样，他们写文章都

[①] 大V：指在新浪、腾讯等微博平台上获得个人认证，拥有众多粉丝的微博用户。由于经过认证的微博用户，在微博昵称后都会附有类似于大写的英语字母"V"的图标，因此，网民将这种经过个人认证并拥有众多粉丝的微博用户称为"大V"。后来泛指有影响力的自媒体用户。

是依靠大量阅读之后创作出来的。记得有个人说过:"脑子里空空如也,怎么能够想出东西来。"

一个人如果想输出,必须依赖积累,这本来就是常识。

很多人对此就纳闷了,在他们看来,有了搜索引擎,就不需要看书了。其实,即使有了搜索引擎,我们依然需要看书,搜索工具本身是个工具。既然是工具,就必然依赖使用工具的人,比如给你套木匠的工具,你能做个柜子出来吗?搜索引擎的主要作用是用来"证实"你的想法,或者确认一个疑点,如果你对一些问题理解不深刻,根本都不知道该搜索什么。

既然我知道了读书有用,那么怎样才能在工作间隙看一些书呢?

我的方法叫"抢占式",这是个操作系统的专用词汇,什么意思呢?我早年发现最难的事就是开始做一件事,也就是有点闲工夫了,准备看会儿书的时候,转念一想,要不先玩一局《绝地求生》,玩完了《绝地求生》,又转念一想,要不看几个抖音小视频,跟朋友聊两句。每天都这样把时间耗尽了。总体来说,每一天,都抢不到看书学习的"时间片"。

第一章　成为一个很厉害的人

所以，我每天强制要求自己一定要看两页书，看完两页再干别的，就这样，每天都能抢到看书的"时间片"。当你一旦拿起来书，一切就都有了可能。

以前我买了一套《英国史》，这套书有一千多页。如果这本书每天看两页的话，那得两年才能看完，不过我看了一个月也看了近一小半，所以一个人的潜力远远超过自己的想象。

为了克服懒惰的问题，制订学习计划的时候，关键就是每天目标一定要小，跟自己先妥协了。你不要太为难自己，你不为难"他"，"他"才给你干活。是的，你体内住着一个你根本不了解的人，你得跟"他"多沟通。

为了让自己坚持学习，你要奖励自己。当你持续多长时间搞定一件事之后，你要给自己适当的奖励，比如你每天看两页书的目标坚持了三四十天就奖励一下自己，完全把你自己当成另外一个人，你会惊喜地发现，你完全不了解你自己。

你做一件事坚持一两百天，习惯了以后就是自然而然的事情。大脑会给习惯性的动作修"高速公路"。神经学认为，经常重复某些动作会改变神经结构，变得更加熟练而且难以改掉。

也就是说,在新形成的神经路径中,消息传播会加快,逐渐形成条件反射,就跟刷牙、剃胡子似的,坚持一年后,每天不做这件事就会挺难受。

此外就是学习方法的事。以学习历史为例,很多读者问我,我想了解××历史,该从哪开始?

我们应该感谢这个美好的时代,如果你对看书难以提起兴趣,那么你完全可以从看纪录片开始。比如你想学习英国史,那么就可以先看BBC的纪录片。但不管你是从看书还是从看纪录片开始学习,最关键的是你要先把整体知识框架搭起来,然后再看专题方面的书——英法百年战争、玫瑰战争、英荷战争等方面的书籍,一点一点地填充那个整体知识框架,你的知识就丰富了。

大家也可以按照这个方法来学习现当代史,总之就是先把整体知识框架建起来。你要了解历次护法运动、北伐、济南惨案、中原大战、九一八事变及历次反围剿、长征等事件的前后顺序,把人物弄清楚,然后再通过专题填充细节。当你接触这个领域时间长了,自然对这个领域的了解就会越来越丰富。时间总是过得很快的,转眼就是五年。你今天选择某一个领域,五年后你可能就是某领域的专家了。

这种学习方法也符合巴菲特的某个说法：一个小小的雪球，从漫长的雪坡上往下滚，越滚越大，加速度、冲击力、规模都呈现出加速度的扩张，只是需要每天不停地往下滚，日积月累，必有所成。

一个人如果能够用业余时间多看几遍某本书，把它吃透，就会非常有裨益。比如前几天我跟一个知乎大V沟通，他去买了一套《柏杨白话版资治通鉴》，之后用一年的时间看了两遍。当他看完这套书以后，就感觉打通了任督二脉似的，现在下笔如有神。金庸也是看了几遍《资治通鉴》，他说看完之后对人性都有了深刻理解。

你不必像很多人说的那样一年要看五十本书，能够在一定的时间内吃透两三本经典的书就非常不错了。

很多人想掌握写作的技巧，可是不知道如何下手。其实最好的学习方式就是看完什么东西之后就随手写点心得，用自己的语言总结即可。你会发现越写越利索，而且对思维的训练也非常厉害，能够让知识条理化，让大脑清晰化。而且随着时间的叠加，效果会越来越明显。你做一件事，做一周没什么用，做两个月也没什么用，但是如果你能持续五年，绝对能折腾出点名堂。

之所以很多人都觉得写东西没感觉，一方面是写得少，大脑没形成信息高速公路，当你每天看两页书之后就写几十字通过微博发布，时间长了自会有奇效。我当初就是在微博写读书笔记，到现在竟然有了几十万粉丝；另一方面是大脑储存得太少，需要大量的阅读来解决。

很多人总是问，我看完书就忘怎么办？这个可以分成两个问题来看待：

一、一个人刚看了某些书就忘了是正常的，尤其是刚接触某个领域，全是新名词，不忘才是奇怪的事。但是，大脑对信息的处理依赖"冗余"，也就是说你知道了茴香豆的四种写法之后，这辈子你都会写茴香豆了。你从一百个角度见过大象，你就能认得出大象的骨头，但是你对一只鳄龟只是惊鸿一瞥，你脑子里可能完全想不出来这东西有什么特点。对信息的认知和记忆也是这样，当你从不同的角度获取对一件事的描述之后，这件事就彻底固化在你脑子里了，想出错都难。

二、那些写专业文章的人也都是记住哪个知识点在哪本书，他只是有个大概的印象。他写作需要的时候，知道该去哪本书查而已。

再说下关于英语学习的心得。在这个方面我还是比较有心得的，我长期承担我们公司对海外业务的JAVA培训，这些人来自不同的国度，如印度、俄罗斯等。我写文章的时候，偶尔会采用一些英文材料，所以我的英语水平还算可以。很多读者询问，怎样快速获得学习英语的技能点。

我在很多文章里讲过，学英语最主要的就是记单词，而且不能是记四六级单词的量，要记住一万五千个左右的单词。当你背下来一万五千个单词之后，你基本上就能看懂美剧，也能看懂英语材料了。

我一个很厉害的师兄说："学英语，除了单词，其他的技巧都是奇技淫巧。"早年我听到这句话觉得非常极端，但是这些年我越来越觉得这句话有道理了。我把这种理念分享给不少人，坚持下来的人都反馈效果很好。

怎么背英语单词呢？就是机械地背，把每个单词都抄三十遍，非常机械，再过几天再抄几遍，非常耗时间，不过拿时间换空间，死记硬背下来的东西基本上一辈子都忘不了。不过这个过程非常乏味，背英语单词不大需要脑子，需要持续刺激。

千万不要对英语环境着迷，我认识很多在美国待了很多年的人英语也一般，主要是因为记住的单词量一直没上去。

现实生活中，你很少能看到认识一句话中的每个字，但是连起来不知道这句话什么意思的人，英语也一样。考研的时候难免有"长难句"的出现，但是现实生活中基本上不需要这种句子。

至于口语，我的理解是放下面子就可以了。我在国外待过很久，发现很多地方的美国人英语其实说得一塌糊涂。日本人和印度人英语发音比中国人都差劲，但是他们非常敢说，尤其是印度人，操着一口咖喱味的英语跟谁都能唠。只要你掌握了基础英语，当你开口的时候，国外的人基本都能听懂你在说什么。至于口音这玩意儿，没必要克服，东亚人基本上这辈子都克服不了。

厉害的人的工作和学习心得

我师哥是在心理学方面很有成就的人,三十多岁就当上了"985"大学的副教授,而且在育儿方面也是专家。跟他沟通之后,收获了很多心得。

事实上,小孩的成长和成年人学习某些技能的过程很相似,这也是为什么高成就父母的孩子优秀的概率更高一些,因为道理总是相通的。优秀的父母知道一些普通父母不知道的东西,比如他们迎接过极度复杂的挑战,并达成了目标。这种看待问题、解决问题的能力一定程度上是可以向下一代传递的。关于技能提升或者成长,主要是下边这几个方面:

奖励

奖励必须是反馈型的,有确定性的,有的父母当孩子记住一个单词便奖励一块钱，记住一篇文章奖励五十，孩子的能力迅速提升，形成正反馈。

有糊涂的父母跟孩子说期末考前三名就奖励他迪士尼乐园一日游，这样做往往没什么效果，因为绝大部分人不响应长期激励。

事实上很多小孩子也会敷衍了事的。他们很快就学会跟父母斗智斗勇的方法。比如他看完一本书就奖励他一个甜筒，他很可能开始不认真看书，而是随便翻书，做做样子而已，然后领奖品，这多么像差劲的员工对待工作的态度。所以奖励一定是可度量的，也就是达成什么结果我才给什么奖励，这一点需要家长和孩子之间反复博弈。

此外，最有效的激励叫随机奖励。很多人都玩过游戏，那里边的宝物掉落就是随机的，这种现象很容易让人无法自拔。到底怎么操作，还需要大家自己多琢磨。

还有自己对自己激励，最好的一个例子是我的一个小伙伴，因为他晚上饭量太大，结果成了一个二百多斤的胖子。我们给他出主意，让他下定过午不食的决心。于是他开始对自己进行奖励，刚开始是三天一个周期，后来改为五天一个周期。每个周期结束后，他就给自己买高端鼠标、机械键盘、耳机等产品奖励自己。他坚持了两个月终于戒掉了晚饭，现在已经一年多不吃晚饭，每天18个小时禁食。他现在体重已经降为一百七十斤了，虽然依旧有点胖，不过已经减了几十斤。他现在整个人都神采奕奕，高血压、脂肪肝什么的都好了。前段时间他跟我说，当时他减肥的过程简直像戒毒，生无可恋，不过挺过来了。

练习

一个人，只有在挑战区练习才能有效果，驴拉磨那种绕圈练习没什么作用，当然追求太难的目标也会伤害人的积极性。举个例子，孩子学数学，或者你学编程，不能直接去搞最复杂的问题，否则很快就崩溃了。最好的学习方法是越学越难，但是在每个阶段都扎实练习。但是准确识别出怎样的路径是持续挑战却非常困难，绝大多数人其实是失败在这里了，要么他自己想不明白，没人指导，要么是指导他的人是糊涂蛋。

先把基础打牢靠，然后再提升层级，多数游戏就是这么设计的，玩过《绝地求生》《王者荣耀》之类的一定有这种认知。

你刚开始玩游戏的时候，游戏系统把你识别成一个菜鸟，让你去新手营，新手营甚至设定人工智能的那种角色让你练手。随着你玩游戏时间的增加，你能够去较高级一些的地方，这里面人的水平越来越高,你的能力也得到了锻炼。随后你能够到更高级别的地方。这种游戏设置,让你一直在练习,一直有挑战,一直有乐趣。

如果一开始就把你和玩了几百个小时的游戏用户放在一起,你每次开局就死,那你能喜欢这个游戏才怪。如果你没理解我到底在说什么,就去注册一个游戏玩玩,用我说的这套逻辑边理解边玩,就能有深刻的感受。通过玩游戏,能够让你明白,设计游戏的人都是高级心理学专家。

我师哥接了一个客户,让他培养下小孩对数学的爱好。他说这个太容易培养了,其实就是让孩子不断地练习、进阶、挑战,在这个过程中给予小孩随机奖励,这就跟玩游戏似的,通过这种方法小孩很快就爱上数学了。

很多人喜欢聊天赋,其实就高考这种难度的事情而言,跟天赋没什么关系,就跟我经常说的,京城月薪三万以下的码农[①]只需要初中数学一样。天赋这种东西,只有你去做数学家什么的才有必要,考个大学不涉及。

工具

一个人掌握了复杂工具,才真正具备了能力,如果仅仅掌握

[①] 码农:程序员群体对自己的戏称。

了简单的工具是没用的。比如手机就是简单的工具，严格来说还算不上什么工具，只能算消费品。复杂的工具指的是SQL工具、数据库、eclipse、复杂图像编辑工具、建模工具等，人的能力只有和工具叠加起来，才能形成效果叠加。

一个人赤手空拳能打几个人？一个人有根小棍子能打几个？一个人有把枪能制服多少人？新时代最重要的一个技能就是具有不断地使用复杂工具的意识，并且尝试用"工具思维"去解决问题。比如码农做什么事情都会问"库呢"？"库"就是工具集，里边放着他的锤子、电锯、凿子。如果你让他先去做一套工具出来再去做事，那么他也不会。

将来人工智能也一样，别去听那些为了圈钱啥都敢说的人乱说。最合理的推测应该是麻省理工的一个说法，人工智能也是工具，会和人类更加深度地合作，就跟毛瑟步枪换成了马克沁机枪一样，效率急剧提升。效率提升后会让更多的人参与到分工中来，创造更多的岗位。

使用的工具太简单，你就不会有什么突破。所以你必须想尽一切方法去掌握复杂的工具。

时间

飞行员开飞机不够一千个小时就不能算老手，马拉松运动员每天都跑几十公里，优秀的程序员也是从对着书一行一行代码敲过来的。在学习的前期，一个人是没有方向、没有思路、没有全局感的，最重要的就是不断地投入时间，过一段时间就会突然清晰了。很多人学习新技能一无所成，就是死在了这个时间点前。

运动

运动远远不是可以用来减肥这么简单，这一点我自己也有体会。有本书叫《运动改变大脑》，说的是运动对小儿多动症有良好的疗效。很多人在小时候都有小儿多动症，没法集中注意力学习，小孩子学习差，家长便会又打又骂。其实往往家长自己也有集中不了注意力的毛病，而且是自己遗传下去的。有可能天天在折磨你，但是你自己还不知道，比如你不管干什么事，注意力都集中不了十分钟，容易放弃，容易烦，这都是多动症的特点。

我之前在微博提到过几次多动症的问题，有人看了这个消息就去医院查了下，发现自己果然有多动症，原来责备了自己这么多年的注意力不集中等问题其实是病，终于跟自己妥协了。

国外用哌甲酯来解决多动症的问题，国内用来治疗多动症的药物是专注达,但是任何药物都有副作用,远远不如依靠坚持运动控制多动症——慢跑和举重能够有效控制多动症的病情。

长期慢跑的人都有体会:只要坚持运动,每天睡六七个小时就够了。每天花一个小时的时间运动,能够从睡眠中自然醒来。

运动可以是多种多样的,不一定非要去健身房,然后站在那个大镜子下拍几张照片发微信朋友圈才算运动。

几年前我做过一个项目,有个项目组的小伙伴每天早晚各两百个下蹲。他说这个习惯改变了他。但是你千万别今晚就来两百个下蹲,运动一定要循序渐进,其实下蹲的运动量非常大的。

每个人的精力就如同电池,因此我们不妨把人体的精力称为"精力电池"。你每天睡觉、吃饭就是给自己充电。多数人都是充满电后再出去工作、学习等。

为什么有些人可以精力充沛地忙活到深夜,而很多人到了下午就很累呢?可以理解为容易很累的人的精力电池容量只有两千毫安,一天得充两次电,而精力充沛的人的精力电池容量是六千毫安,大屏玩游戏一天一充。持续的运动,能让你的电池容量变大,你实践了自然会知道我所说的真实性。

关于积累、精进、进阶

硅谷王川在网上发了一段文字，他说：1. 所有的我们以为的质量问题，大多本质是数量问题，因为数量不够，差几个数量级而已。2. 数量就是最重要的质量。大部分质量问题，在微观上看，就是某个地方数量不够。3. 最大的误区是，明明是数量不够的问题，因为错误地以为瓶颈在于质量，幻想在不增加数量的前提下，用某种奇技淫巧，偷工减料达到目的。这时候玄学、迷信和各种无病呻吟就出现了。数量不够，底子不够厚时，很多事情是做不到的。即使有时看似有捷径，欠的账迟早是要还的。

我看了之后非常有触动，感觉找到了这些年迷失的那把钥匙。我以前干事总想走捷径，学PHP①想二十一天速成；跑步想每天都称体重，看看跑步的效果怎么样了；为了学英语买了英语版的《经济学人》，发现什么也看不懂就搁置一旁；写了几天微博发现没人关注就不想写了。

后来看到一个厉害的作者的创作心得，忘了叫什么名字了，他写的小说非常受读者欢迎。别人问他怎么才能当作家，他说多写文章。别人问写多少才算多写，他说先写一百万字看看。

有些人觉得这个作者乱说，其实他说的都是事实。他每天创作八千字，风雨无阻地写，对于他来说，创作一百万字仅是三个月的事。尽管前期的时候内容不够好，但他一直写，坚持下去就积累了史无前例的用户群。

这个例子非常启发人，有些人看起来非常能折腾，可是一直没什么进展，关键的原因是没有踏踏实实地做事。

高中时候，有个成绩优秀的同学给我介绍学习的经验，他说，在把课本和练习册上所有的题都做了之前，一道复杂的题都不做。我们也都知道，课本上的题老师只是布置几道，没人会全

---

①PHP：PHP即"超文本预处理器"，是一种通用开源脚本语言，是常用的网站编程语言。

做，完全是体力活，但是他的想法与很多人不同——他说只要保证一张满分一百五十分的试卷，一百三十分的基础题别错就行，剩下的那二十分我即使得不到也没关系。

后来这个成绩优秀的同学在国内名校毕业之后去了斯坦福大学深造，他现在在某公司研究人工智能。有一次，他跟我说，人工智能第一法则就是"简单动作确保不能出错，然后逐步迭代，越来越复杂"。

万事一理，你想写文章，那么你写够一百万字了吗？你要撸铁①，那么你重复一万次了吗？你要跑步口号震天，是不是三年都没跑够一百公里？你想学Python，是不是论坛逛了无数到现在都没到一万行代码？

有人问我，如果写十万行代码，需要多少天？我说，很多人这辈子都到不了这个数，但是厉害的人每天一千多行，三年就能够写十万行代码。有人又问，怎么能做到，我说你肯定能做到。我刚学编码的时候，每天写一百行左右代码，后来一天能够写三千多行代码。那时候我还年轻，比现在睡得更少。

---

① 撸铁：网络流行词，是年轻人对健身运动的戏称，表示健身运动的意思。

第一章　成为一个很厉害的人

有人问我，跑步一万公里难吗？我以前住得离公司近，每天跑一个小时，大概十公里，风雨无阻，周末加倍，一年积累下来跑步的长度有四千多公里。后来我搬到离公司很远的地方，就没时间跑步了。这个时候我改为写文章了。去年，我写了两百万字的微博，微博也有了相当的影响力，今年重点在微信公众号上写文章。

有人问我，听说你是某软件公司的，怎么有时间写这么多？其实我刚开始的时候很慢，慢慢就快了。还有人问，会不会就跟驴拉磨一样，一直在积累量，但是"质"没有突破。我说不会出现这种情况，你肯定能够突破。如果你没有别的好办法，不如把在某件事情上积累一定的量作为目标。

这就回到了一开始的问题，写微信公众号让我很郁闷，写起来比微博费时间得多，也难以增加粉丝，让我非常有挫折感。不过我在写完一篇文章后突然明白了，我的目标如果是增加粉丝量，那就偏离了我的初心。我是要把我知道的分享出来，和大家一起进步，也为自己扩展一条路，这才是一切的初衷。我首先提高自己的认知水平，顺便提高用户群，就不该忽略量的积累，不能迷失于各种"套路""攻略"，坚持提供高价值的内容才是唯一正确的方法。

我现在每天都写两千字，但是一周只发出来五六千字，剩下的哪去了？我写完会让我身边水平很高的朋友看看，如果大家觉得内容不好，我就不发了。

我们看现在所有的一切，意义都不大，但是再过五年回过头来，才能发现五年后的自己正是现在你的每一个行为塑造的。

关于记忆、链接的一些思考

一、大脑非常低效，记性不好，还会自圆其说。你用一段笔记把今天发生的事情记录下来，过一些年再找出来——你先回忆下今天发生的事，再看看笔记，就会发现大脑记得栩栩如生，然而错误百出，这就是大脑的一个毛病：如果想不起来，就开始给你编。所以学习最重要的技能之一就是利用笔记的能力。上知乎搜一下"笔记"，你就知道现在笔记领域都快形成学科了。很多成绩不好的学生绝大部分不记笔记，记了也不看。我也是毕业后突然明白了这个道理，一开始觉得记笔记开始得晚了，后来过了四五年才发现不太晚。

二、注意力和肌肉一样，存在耗损。强制自己在某一件事上集中一段时间，就发现自己在别的事情上注意力涣散，因为精力虚了，就跟你搬家之后体力虚了一样。另外，注意力和肌肉一样,可以通过锻炼来加强。

三、大脑的神经网络依赖"关系型数据库",也就是说,所有知识必须链接到已经有的知识,到用的时候才能翻出来,否则就彻底丢失索引找不到了。大家感慨搞了那么多"碎片化阅读"依旧没什么用,就是因为连不到你的"思想大树"。

举例来说,你死活想不起来谁是张二狗。经人提醒,说是被他妈往死里打的那个,你立刻想起来了。总体来说,冗余越多,记忆越牢固,比如你不仅记住张二狗被他妈打,还记住他参加黑社会被抓了起来,那就基本忘不掉了。

四、要分得清"反自然"。你玩游戏看电影很快乐,感觉不到时间流逝,你学习健身却感觉水深火热,因为前者是符合人性的,后者是反自然的,自然规律是熵增的趋势。通俗来说,让你往不利于自己的方向发展是自然趋势,你必须做到能够克制自己的惰性与随心所欲,才能让自己不断地朝好的方向发展。

五、大脑运作依赖的是"涌现"和"链接",每个脑细胞单拿出来会发现结构非常简单,而且功能单一,并没有记忆什么的功能,但是天量细胞连接在一起,就变得异常神奇而不可思议,开始涌现一些神奇而复杂的东西——记忆,创新,冲动。这种现象有点像冲马桶水流有个小漩涡，水分子本身并没有漩涡这个特点，只有大量的分子挤在一起才有。

人也依赖链接，链接越多，可能性就越多，解决问题的方法也就越多，会涌现出一些复杂的模式。比如一个人的微信朋友圈有二十个人几乎什么都做不了，有两百人可以做微商，有两千人可以做代理。

如果一个人的社交媒体上有一百万粉丝，那他本身就是个热点，可以进化出无数玩法来。中国经济大发展，背后也是史无前例的大基建在助力，铁路、公路把城市都连起来，这也是链接，要想富，先修路，说的就是这事。中国引以为荣的移动互联网，背后也是前些年运营商投资上万亿建的。有了网络和链接，自然会涌现新事物。以公路、铁路为标志的硬链接和以网络为标志的软链接的叠加，就是现在烈火烹油的电商。

六、提升大脑效率的方法在于两个层面，一个层面是常用链接高速公路化，你可以一边用筷子吃饭一边侃大山，刚开始用筷子的老外就不行。你也可以不看键盘盲打输入文字，因为你长期打字，大脑里已经不需要额外注意力就可以完成这种事，我们叫"高速公路化"。通过反复练习，那部分动作对应的神经细胞便能够"硬链接"了。

提升大脑效率的另一个层面在于激活更多链接,学习新东西会让人痛苦不堪,需要用意志力克服它。

大脑在扩张链接过程中遭到人的天性的反制,人的天性并不喜欢大脑扩张链接,因为链接多了要消耗多余的能量,而人体不希望消耗那么多能量。但是更多的链接才会派生出更多的想法,才会更有创造性。以前有人说知识多了影响创造性,我可以很负责任地说,脑子里一片空白,什么都不能创造出来。创造,多是建立在知识积累上的。

七、自然界本身链接并不多,你看狮子、猴子,这类群居性动物,一般互相之间打交道的最多不超过几十头。只有人类突破了界限,链接多了,相互碰撞才有了文明,才有了社会,而且这种链接本身就是潜在财富,人类文明的大发展和链接本身是一个正反馈,发展会让链接变多,链接变多会进一步促进发展。全球化就是全球大链接。

第二章

财富的本质

如何向上跨越阶层

高考结束后,新一批大学生也要毕业了,也有不少孩子即将或者已经出生。有不少人给我发信息,让我写一下自我提升的技巧,怎样培养持续学习的能力,如何培养小孩的学习兴趣。毕竟现在培养好的学习习惯,已经不仅是关系到中学和大学,还是关系到一辈子的事。

倒不是说我多厉害,以下的方法都是我对自己这些年的一些经历的总结和反思,大家姑且看看,万一有用呢。

首先咱们要说一件事——我们经常说社会残酷,但是如果把视野扩散到全社会,就能发现一个明显的事实:绝大部分人一辈子也没努力过,也没主动过,更没有主动做过艰难的决定,只是被动地接受生活的摆布,过一天算一天。这么说尽管很不近人情，不过确实也是事实。当然了，这里说的"努力"，有"主动出击"的意思在里边，克服恐惧，迎接挑战。处处被动被生活蹂躏，那叫"辛苦"。

在这个背景下，你只要稍微努力下，瞬间就可以超过70%的人，而且越早越好，越晚越被动。

不知道大家发现了没有，社会竞争惨烈的原因是资源的稀缺，但是这里说的稀缺，并不是均匀的稀缺。这两天趁着空闲的时间，我看了美剧《亿万》。在剧中，检察官问陪审团的人，你们知道在美国，20%的人控制了社会的多少财富吗？大家都在摇头，检察官说"几乎是全部"。当然，这是残酷的现实，少量的人控制了几乎全部的财富，大部分人分剩下的那点汤。

我们说这事，不是要控诉社会。我经常说，我讲逻辑讲人心唯独不讲道德善恶。我想说的是，大家一定要加油，混到前20%去，不然下层的竞争又惨烈又难以获得油水。

有些人总喜欢说，我没有天分，父母也不行，怎么跟那些拼父母的人竞争？

这其实是一个错觉，因为你从来也不需要跟他们竞争，怎理解呢？因为你还没到那个高度。

社会肯定是分层的，比如美国，不管它怎样号称平等，其实大家心里也都明白，纽约的那几百个家族都富贵了两三百年，他们的孩子自然不会跟普通人家的孩子处于相同的起跑线。

但是大家要明白一个道理，你得先进入社会的前0.01%，你才可能直接面对跟他们的竞争，就像你高考考了四百分（假设总分七百五十），你很郁闷，因为你觉得你考得不好是因为自己智商比不过那些七百多分的孩子。拜托，醒醒吧，他们不是你的对手，你的真正对手跟你一样"蠢"好不好？！

也就是说，社会竞争并不是需要你比所有人都强——绝大部分人又懒又低俗，几年都不进步，所以你稍微努力一些，确保超过全社会60%的人，然后再踏踏实实，干什么事都努力些认真些，多给别人笑脸，少觉得别人欠自己，好好攒钱，就可以超过社会上80%的人，再在这个基础上做得更好一些，进全社会前10%并不难，甚至1%也不难，尤其是对于像大家这样不去看抖音，而是看我的文字的人。

社会实在是太大了，你觉得有很多竞争者，事实上又没有竞争者，你唯一的竞争者就是你心里那个好逸恶劳的小孩。《权力的游戏》里的守夜人学士跟雪诺说，去做艰难的决定，杀掉你心里的那个孩子，变成大人（kill the boy, let the man born）。

等到进了群体的前0.01%，就开始拼父母，拼智商、长相之类了，往往是好几代人的积累在竞争，是否能更进一步，那个大可以不必关心，该是什么就是什么，自己也决定不了。

说到这里，这叫形势分析，总结下：

一、大部分人又懒又笨，超越他们并不难。

二、你并不需要做第一，也不需要做第二，你甚至不需要跟他们竞争。只要超过绝大部分又懒又笨的人，你就可以过上相对较好的生活，然后在这个基础上迭代改进。

说到这里，大家肯定会说，道理我已经明白了，那接下来该怎么做呢？

老问题，先认识你自己。

几年前，法制节目采访了一个小伙，他盗窃什么东西被抓起来了，记者采访他的时候，这小伙非常沮丧地说，自己是犯过错误的人，应该脚踏实地地做人，不该投机搞事，如果当初不搞事，以自己的智商，现在应该已经当上厂长了。

我当时就想问那个人，你凭什么觉得能当上厂长，你们厂的人都是猪？让你这么一个偷偷摸摸而且觉得当厂长很容易的人去当厂长？

这也是我这些年发现的一个普遍问题。可能是我们的教育出了问题，绝大部分人不肯承认自己资质平庸，其他各方面也很平庸。

这种认识错位，直接导致绝大部分人，包括我自己，智商平庸还总想走捷径。这个就很尴尬，因为这种情况就跟收入有限却承担巨额债务一样，分分钟面临破产违约。

而且一个人不承认自己平庸，会直接导致浪费掉他身上一个最重要的资质：肯下笨功夫。

我以前不止一次说起过，我大学的时候加入过一个激进的"背单词邪教"，那个"背单词邪教"的教义就是"你认识每一个单词，自然就能看懂任何一句话"。我当时对英语是半绝望的，死马当成活马医，加入组织，疯狂地背单词，每个单词抄几十遍，后来我的英语也非常厉害，现在在跨国公司给国外员工培训JAVA和数据库的时候，可以用英语无障碍交流。

那件事对我影响巨大,很多事就是那个时候慢慢明白的,比如第一个问题,慢启动。

记得好像是那本《我是个妈妈,我需要铂金包》里说,美国上东区的有钱人过着幸福而残酷的生活,不仅得花钱买铂金包,而且花大价钱雇私人教练,才能练出好身材,没有好身材,拎着铂金包也是下等人。这是书里说的啊,大家不要批评我。

不找教练,不是说不能练,而是没有激励,自己不知道自己在进步,所以练几天就虚了;如果找了教练,他告诉你不要多想,按照他的节奏来,肯定会好起来。并且每天鼓励你,说你的心肺功能进步明显,说你深蹲又提升了两公斤,又说你背部肌肉已经有了线条,尽管可能是胡扯,但是这种胡扯能让你觉得付出有了点回报,也就有了坚持下去的动力。

其实想想也能发现,人想进步,最难的地方,就是随时想放弃,为什么想放弃呢?因为看不到进展,不知道自己在进步。而人不管干什么正经事都有个慢启动过程,也就是一开始没什么效果,比如我已经持续写下了一百多万字,可是当我写前一百万字的时候,完全没人理我,但是写到第二个一百万字的时候,人们就围过来了。如果我的目标是"引起大家注意",第一个一百万字的时候早就放弃了。

刚才谈到的背单词也一样,你费尽千辛万苦,背了五千个单词,基本不会有什么用,等到了八千个,效果一下子就出来了,但是60%的人"死"在了起跑线上,剩下30%"死"在了"临界线"之前,只有不到10%的人能突破那条线,拿到回报,等你有了一万多个词汇量的时候,突然发现自己能听懂美剧在说什么了。

学习代码也一样,记得谭浩强的那本有关C语言的书里说,就跟评价飞行员是否经验丰富,要看他飞行了多少个小时一样,初级码农最应该做的事就是尽快写够一万行可运行代码。

我这么说,不是想让大家去雇一个教练,而是想说"慢启动"这事。要理解事物发展内在逻辑,要学会"不计后果"地去做某件事,不能成天等着回报,看不到回报就迅速懈怠了。人不断向上突破,就是克服基因里固有缺陷的过程。

此外,大学背单词经历让我对另一个问题有了新的认识,也就是天赋。相信大家跟我一样,不管做什么事,如果做一段时间,没什么感觉,也不太顺利,就开始怀疑自己没天赋。

这种想法是错误的，你一个普通人，你有啥天赋？你最应该考虑的问题是：

一、现在是慢启动阶段，要什么自行车？

二、数量都不够，要什么效果？

把这个逻辑继续推广，大家就明白了，放在哪里都合适。

而且我长期暗中观察，整体来说想发财有两个必要条件：

一是可以全年无休。买卖人基本都可以，白领里只有领导可以，倒也不是大家一般说的"是自己的所以拼命干"，你也可以去搞个地摊自己搞起来嘛。我认为，这种现象存在，主要是因为，做买卖的和当领导都没有保障，长期过那种太有保障太稳定的生活，生理和心理上都容易残废，我本人的技能就全部依赖大公司，想想离开大公司就心虚。

二是坚定态度。我以前信过很多负面的信息，觉得这个社会有这样那样的问题，每天都很愤怒，而且这种感觉非常上瘾，天天找负面消息，简直得了精神病。后来我买房之后，开始还起了房贷，精神病也就好了。

我发现混得好的人，一方面知道生意难做，另一方面又坚定态度。如果觉得未来会越来越差，你干什么心里都虚，时间长了，就对什么都没信心了，自然就难以做好任何事情。

而且，世界很大，资源很足，最倒霉的事就是被锁在一个视野狭小的范围内，跟太多人一起竞争。要学会跳出那个小圈子，跳出来的办法就是去做有价值的事。社会竞争很激烈，也没想象的那么激烈。在一个人十几年、几十年如一日的奋斗面前，绝大部分人都是渣，因为绝大部分人只是辛苦，并不是在奋斗。

如果你是个大学生，就好好学习。如果英语不好就好好先背一万个单词；如果高数不好就把课后习题都做了；如果什么都没做还自视甚高，也不用太担心，现在荒废的只是大学，将来还有几十年可供你荒废。

曾有人发了个帖子，说马云让他的员工"996"，但是自己当初没有选择"996"的工作，而是选择了有充裕时间的工作，下班以后就做兼职，后来反而兼职的工作做好了。

我写文章，倒是从没想过通过文字在微博、微信上赚到多少钱，不过是有了一些感想，顺便写了几百万字。然而通过写文章这件事，让我明白了一件事。我以前业余的时候给其他平台写文章，写完拿了稿费就完事了，后来开始自己搞微信公众号，才发现那样做得不偿失了。因为给别的平台写文章就跟上班一样，你的工作成果被人家买断了，这篇文章后续的盈利就跟你没关系了。比如现在这篇文章发出来后每天都会在网络里流转，看到的人可能就会关注我的微信公众号。

我写一篇文章的时候还不明显，多了就非常明显。每天你睡着的时候文章还在网络里流转，随着时间的积累越来越厉害。

上班跟投稿一样，工作成果的后续效益都是没有的，都被公司拿走了，我认为，这个才是剩余价值的最大部分。我想让大家明白，一定要区分开哪些东西有长线价值，哪些东西的长线价值是自己的。

我并不是说大家要去做兼职，而是说大家平时也要留意一下，看看哪些事是有长线收益的，多做有长线收益的事。比如很多人把业余时间都投入看垃圾电视剧，这个长线收益就是负的，经常看非常不利于身心健康。

我再强调一下，首先就要排除自己比较有天赋这一谬论，除非你真有天赋。如果没有，千万不要自以为自己真有天赋，那是病，得治疗，早治疗早康复。尽快认识到自己只有下笨功夫才是唯一途径，对你的人生发展非常有帮助。我就是治好了"以为自己有天赋"这个精神病之后，生活才慢慢好起来的。当你肯下笨功夫之后，很多事反而不难了。

其次，不要给自己瞎找理由，你并不需要跟很多"富二代"和天才竞争，别把自己说得那么悲壮。正如我以前说的，月收入三万以下的程序员只需要初中数学，大部分东西都跟智商和家庭没关系，做不好的主要原因就是不上心，重复次数不够，量不够。上升空间广阔，加油就是了。

如果你对人生比较迷茫，没有找到方法论，可以像我一样，用笨办法，相信两件事：

第一，重复就是力量。

第二，欧成效说的，非常有启发：数量堆死质量。

理解"资源边界",忘记"边界"

"资源边界"这个概念非常值得我们深入了解和探讨。举个例子,原始社会那会儿,地球上人很少,看起来没什么竞争,生活压力应该不大才对,然而并非如此。原始人的生活压力也不小,因为他们对资源的理解非常肤浅,似乎只有树上的果子、山里的兔子是资源。他们对煤、石油、天然气什么的根本没概念,这些对他们而言不是资源。

到了工业社会的时候也一样,开始烧煤了,但是对可以释放更大能量的原子能有个漫长的认识过程,在这部分能量被开发出来之前,对于人类来说,这部分资源等于是不存在的,也就是说,资源边界还没扩展到那里。

很多人一定听说过"罗马俱乐部",也叫"悲观未来学派"。一伙当时最厉害的科学家成立了一个组织,这个组织于1972年发表了一篇名为《增长的极限》的研究报告,它预言经济增长不可能无限持续下去,因为石油等自然资源的供给是有限的,预测世界末日快来了,设计了"零增长"的对策性方案,也就是说今后大家别发展了,防止资源耗尽。

可是到了今天,我们能看到经济依然蓬勃发展,现在已经上了一个新台阶,为什么当年最顶尖的学者会搞出这么奇怪的研究报告呢?说白了,他们犯了一个我们通常会犯的错误,即用静态眼光看世界,在当时的资源边界以内思考问题。

很多人毕业后刚工作的时候,工资只有三四千,房子却很贵,他们经常犯愁自己什么时候能买得起房子,但是等他们奋斗了五六年以后,发现买房子的事情容易多了,至少没当初想的那么难。因为随着我们向前发展,随着我们能力的提升,"资源边界"一次次地扩展,以前只能靠工资,慢慢地奖金上来了,慢慢地有业余收入了,到后来工资已经不算什么了。

回过头来看很多年前刚毕业的自己,像不像现在的我们回头看罗马俱乐部的人?他们想不出来会有这么多水电站、风电站、核电站。他们也想象不了新培育出来的农作物种子产量会那么大。

你是不是能够意识到,很多现在的难题,其实是现在资源边界内解决不了的,如果能突破这个边界,很可能根本不是什么问题。

说到这里你应该也看出来了,我不是想聊资源,是想说我们自身的问题所在——富人为什么富?他们的资源边界特别大,很多东西都能给他们提供资源。你每天去坐地铁,人头攒动,熙熙攘攘,如果你在洪流中,你可能唯一的感受就是不爽,但是如果你在边上摆个地摊,你的资源边界一下子就扩大到人群里了,过往的每一个人都可能是你的资源,你可能会嫌人流量不够多。

资源这东西比你想的要大得多,或者就在你眼前,可是你拿不到,也就是资源边界太小,而且由于边界太小,跟别人是重合的,会引发激烈的竞争,这也是为什么说底层人踩人,因为不踩没有更好的办法。边界大了,竞争反而小了,而且你已经领会到这种获取资源方式的优越性,脑子里成天想的就是怎么去进一步扩大边界,合作就更容易发生了。

说到这里,大家肯定要问了,怎么扩展资源边界把触角伸到未知领域呢?

说实话我并不知道具体的方法，但是我有个体验，就是人到中年的时候，往往习惯性开始搞自我封闭，不再吸收，不再去扩展，觉得自己年龄大了，学不会了，有点时间不如看会儿抖音，这种心态从资源探索角度来看是极其消极的。

我的导师成就很大，我能从他身上学到的东西非常多，他六十多岁了还在坚持长跑，每天十公里。很多人叫我"跑哥"，是因为我以前向他学习每天跑十公里，我以前微博昵称就叫"跑星人"。

导师说他觉得长跑可以让自己精力旺盛，因为他有很多事要做。导师还在网上跟着视频学Python，编写爬虫脚本做研究。除了这些，他还在写一本关于匈奴史的小册子，同时搞一本怎么教小朋友学数学的书。他以前还有个微店卖红酒，虽然他自己不喝酒，但是对红酒研究得很深，做起来后，他觉得太费时间就卖了。

我特别喜欢他这种劲头，一直不服老，忘了年龄，去做新鲜的事，永远都在拓展，永远没有边界，而且他有个逻辑，他说现在人们的寿命变长了，以前只能活到七十岁，他要活到九十多。按照这个标准，六十多岁相当于以前的四十岁，正值壮年。而博主这样三十岁的,相当于以前的二十岁,年轻得很,有无数机会无数探索的可能,前提是不要搞自我封闭。

大家往往高估自己一天能学会的东西,低估三年能学会的东西。大家慢慢体会这句话。

《贫穷的本质》这本书到底说了什么

2019年，诺贝尔经济学奖授予阿比吉特·巴纳吉(Abhijit Banerjee)、埃丝特·迪弗洛(Esther Duflo)和迈克尔·克雷默(Michael Kremer)，然而把这项奖授予他们，几乎闹得人神共愤。

首先，西方经济学家们看完阿比吉特·巴纳吉和埃丝特·迪弗洛合著过的一本经济学著作《贫穷的本质》（该书代表了他们经济研究的重要观点）之后的感受是：这也是经济学？这要是经济学的话，某"鸡你太美[①]"的流量明星都可以算作NBA最佳球星。

其次，东方的经济学家，尤其我国的经济学家看了之后更觉

[①] 鸡你太美：蔡徐坤某个打篮球的视频，当时蔡徐坤运完球把球一扔就开始跳舞，跳舞时配乐的第一句谐音是"鸡你太美"。

得不可思议，作者书中倡导的很多事我们已经做了很多年，并且卓有成效，连个村干部都懂的道理，这些诺贝尔奖得主复述了一遍，竟然有模有样地拿了诺贝尔奖。

最后，很多读者对两位诺贝尔奖得主作者所创作的《贫穷的本质》也嗤之以鼻，因为书中的观点给人的感觉是：大部分内容毫无新意，基本都是老生常谈，只是加了一些数据支持，这也能得奖？而且不少人纳闷，真按照作者说的去做，穷人就能脱贫？根据常识也觉得不是那么回事，更像是通过结果找原因。

这次诺贝尔奖颁发，给人的感觉更像是"辛苦奖"，也就是说书中说的道理大家都是懂的，但是很少有经济学家亲自跑到贫困地区，到非洲，到印度边远山村，或者干脆跑到喜马拉雅山下的贫困地区，搞对照组挨个验证之前的理论的正确性，这个精神就太硬核太实在了。

当然了，他们已经得了诺贝尔经济学奖，不可能完全没一点实质内容，我们接下来就按照原文说的内容讲述下，顺便说说我的看法。

第二章 财富的本质

一、营养很重要

《贫穷的本质》的作者先重申了一个常识性的问题：现在的世界已经有足够的能力让每个人吃饱，粮食已经足够了，不仅是因为农业科技，更因为全球大面积地引进了原产自美洲的土豆、玉米等高产量农作物。

我看到过的另一本书里提到过，美国中产家庭的一条狗每年都得花好几千美金，够好几个非洲贫困家庭过一年。多说一句，养狗真的很贵，别说美国了，中国这边城市里养狗一年花几万块的也不少。昨天正好看到相关数据出来了，真的让人感受到买猫粮比给小孩买奶粉花的钱都多的事实。

人们普遍认为，现在还有人吃不饱，是欧美浪费太严重，相对的则是非洲等地区严重缺乏食物，说到底主要是分配问题。当然了，慈善本身是一种选择，不是义务。如果一个国家的人觉悟高就捐点。如果没这种觉悟，你也不能逼着人家把自己的大排量汽车换成自行车。

《贫穷的本质》的作者在研究印度贫穷的现象时，发现穷人吃得都很少，远远不足人体每天所需的2400大卡。这个研究其实就很奇怪,很多人看到这里就有点蒙,因为我们印象中穷人都是不大克制,吃得比较随意,无法克制自己的食欲,但很少有说法说穷人吃得少,有点反常识。其实这就是《贫穷的本质》这本书的特色,讲的都是些印度犄角旮旯的事——作者说的是那种先天不健康,又瘦又小的极端穷人,没钱却有病,常常是贫血或肠胃里有寄生虫等,身材还没我国初中生那么高。这种人吃得肯定少,几乎是不言而喻的。

针对解决之道,《贫穷的本质》的作者提了两个观点,尽管都是老生常谈,不过第二点非常有意思。

《贫穷的本质》的作者第一个观点是:印度这么多人这么惨,主要是因为他们的父母比较糊涂,没给小孩驱虫,没食用加碘食盐,没喝到干净水,没有打疫苗,导致小孩发育有问题,从小属于半个残疾人。相信很多人看到后,第一反应肯定是"这是体制问题啊",这些不都是印度政府应该做的事吗?食盐里加碘,全民种疫苗,提供干净的自来水,这是我国20世纪做的事啊!而且多喝热水而不是直接饮用恒河水有助于防止痢疾拉肚子,这事还要研究?

这也是《贫穷的本质》备受争议的原因之一,看书的过程中大家都有一个感触：这还用研究？我国不是一直这么做的吗？而且我国人民现在关注的是熬夜、虚胖、亚健康，你们竟然在讨论没有蚊帐、没打疫苗？你们的政府也太小了吧？小到什么都不干？

第二个观点尽管也不是新的，但是非常有启发。《贫穷的本质》说：印度的穷人就算天天吃垃圾食品，也一定要看电视——稍微有点钱第一件事就是去买台电视，因为他们的生活实在是太乏味了。这倒不是印度人的毛病，全世界的穷人好像普遍无聊，娱乐较少，生活很枯燥，对娱乐非常向往。因为他们的工作普遍比较乏味，自己经历的好东西较少，所以看起电视来没完没了。这有点像城里人很纳闷为什么有人天天待在网吧，那地方烟雾缭绕，吵得要死，还不太卫生，看着就闹心，可是对于很多人来说，那地方是他们唯一的娱乐场所。

二、教育很重要

《贫穷的本质》的作者说印度很多人没读完小学，或者读完没法做四则运算，而且书中花了大量的篇幅在探讨怎样诱导家长们把小孩送学校，这个就奇了怪了，越看越觉得奇怪，难道你们没有义务教育？这应该是发生在另一个星球上的事。

不过这个观点我们还是需要深入了解下的。作者引用了另一个学者的一个说法：教育本身是一种投资，人们投资教育，就跟投资房地产是一样的，目的是赚更多的钱，增加将来收入。

投资小孩教育的主体是家长，但是很多家长对这件事并不上心，因为他们认为教育这事没有什么值得投资的，有点像有些人并不喜欢投资房产或者比特币一样。对于这种家长，有些学者认为应该让家长自己做决定，如果家长觉得没必要就算了，他们对自己的情况是了解的，逼迫他们干吗？

其实这些说法你一听就知道这些学者的思维出问题了。很简单的道理，这个说法还是"理性人"那一套假设，完全忽略了不少家长其实什么也不懂的事实。有的家长既不具备理性也没眼光。我并没有歧视任何人的意思，要知道，绝大部分的人，尤其是贫穷国家和贫困地区的老百姓的生活完全被眼前的困难给挤占了，谁还有时间去思考将来的事？

很多家长越穷越短视，越短视越穷，你指望这些人做出合理的决策？这是不现实的。有些事得勇于承认，承认有问题才是解决问题的第一步。

家长把孩子强制送到学校就完事了吗？怎样追踪并且持续提高孩子的能力呢？

这一点《贫穷的本质》的书中给出了非常好的建议：

一、降低预期。

二、注重核心能力开发。

三、使用技术辅助。

首先，降低预期在任何时候都非常关键。过高的期望实现了还好，如果达不成会导致信心迅速丧失，变得消极，什么都不想做。对于绝大部分人来说，总是对自己或者孩子过高定位，完成不了很高的目标就泄气，忽略了把目标定低些，慢慢来，一步步地做，也能取得很高的成就，而且这才是绝大部分人应该走的路线。

其次，什么是核心能力呢？其实并不复杂，比如一个学生，他的核心能力就是读写算。如果有额外的精力和条件，再学点舞蹈、奥数、演讲、琴棋书画，以及各种小语种。

但是家长们往往想弯道超车，觉得自家的孩子很厉害，或者想着不该输在起跑线上，给"读写算"方面分配的时间较短，每天去读各种兴趣班。对于大部分人来说，这么做远远不是丢了芝麻捡西瓜的事，而是芝麻和西瓜都捡不到。

对于穷人的孩子来说，也面对类似问题，不过他们的问题正好相反，我们上面说的这些孩子学得太多太杂以至于什么都没搞明白，穷人的孩子往往是不知道该学什么。

最近几年，美国有一些人搞了一所学校，叫"KIPP"，也就是"知识就是力量"。这所学校在《贫困的本质》里也被给予了高度好评，这所学校的核心就是：侧重基本技能的掌握。基本就是对这些年流行的素质教育反其道而行之。

我们印象之中美国学校主要是玩，次要是学，尤其是贫困家庭的孩子，在学校的绝大部分时间都在玩。这样有很多的好处，可以释放孩子的天性，让孩子度过一个无忧无虑的儿童时期，不会压抑孩子的天性，结果造成的问题也很明显，培养了一个快乐的废物，大学考不上，注意力普遍有问题，干什么都没恒心。大家可能不知道，注意力这玩意儿跟肌肉差不多，也是越练越强，长期不用就废了。如果小孩长期不集中注意力干一件想干的事，时间长了就没法集中精力干任何事。

所以KIPP的逻辑就是重新思考这些问题，借鉴了监狱的一些模式，让小孩聚焦读写算等基本技能。据说把升学率提高了800%以上。

《贫困的本质》的作者也非常推崇这种玩法，不过他又加了一些，他认为应该用科技手段增加实时激励，比如小孩完成一个小任务就奖励半小时玩游戏等。

三、风险意识

《贫穷的本质》的作者有个说法非常有意思，他说贫困的群体跟对冲基金经理一样，生活总是充满了风险，不过差别是对冲基金经理赔的不完全是自己的钱，基金经理的钱是从别人那里募集来的。

基金经理要面对风险的原因是市场总是起伏不定的，群众也一样。我老家那里偶尔会莫名其妙来一场冰雹，就会造成农民全年颗粒无收。

既然这样，为什么不做预防措施呢？比如盖个大棚，或者家里买个保险？这也是《贫穷的本质》这本书里探讨的一个内容。

作者认为保险业务在穷人当中非常少见,这也就构成了穷人和富人之间很大的一个差别,富人们善于利用金融工具对自己的资产进行对冲和风险预防。

贫困群众不爱买保险主要有两个原因:一是大家普遍不了解保险是怎么运转的,其实不经历几次,绝大部分人都弄不明白,人的本能是对不太明白的东西敬而远之,而且保险是先支付一部分费用,为将来的生活购买一定的保障,然后期望永远不要用上。这就意味着大家得花钱购买一个自己不大了解的东西,而且这些钱对于他们来说至关重要,每一分钱都很重要。

举个例子大家就明白了,如果一个人家里存着一百万,这一百万可能只有两三万他用得着,其他的都在银行里存着,所以拿出1%来买个保险觉得没什么压力,毕竟完全不影响生活。但是对于另一个家里只有一万块的人来说,这一万块里包含着生活费、医药费、孩子的学费,可能还不太够,你让他花1%也就是一百块去买保险,这一百块可能是他们全家半个月的菜钱,做这个决定就太难了。

困难已经讲清楚了,怎么解决?《贫穷的本质》的作者给了个主意,他说风险一直存在,保险也是刚需,不过底层人民又买不起,所以政府应该帮助出不起保险费的人出一部分保费,他们少出点。这不就是我国的"新农合"吗?

《贫穷的本质》的作者在书中转了一大圈得出一个又一个结论。这本书整体给人的感觉是这样的:先描述了印度的一些倒霉事,然后分析原因,最后提出解决方案,大家一看就纳闷:这不就是我们的那个嘛!我们已经搞了很多年了啊!

穷人翻身有多难

不久以前读了《贫穷的本质》,而我最近也在思考普通人如何摆脱贫穷的问题——我刚写的《贵族的衰亡史》中就提到一个关键问题。贵族是讲血统的,贵族之所以是贵族,因为他父亲是贵族,他父亲是贵族的原因是他爷爷是贵族,以此类推,推到第一代贵族,肯定是个泥腿子,跟着老大打天下,成功之后分蛋糕。

回到古代,就算一个人跟对了出色的人,从参加工作到功德圆满,要经历多少生死,多少磨难,才能生存下来——那些能够在九死一生中活下来的人,全程得开"逆概率反应堆[①]",这是

[①] 逆概率反应堆:科幻小说中的一种装备。一般来说概率越低,实际发生的概率就越低,逆概率反应堆正好相反,有了这种装备之后,越是低概率事件,发生越频繁。

个什么概念呢？也就是说，在别人那里概率越低的事，在你这里概率越高，这样你才能挺过各种逆天场景活到最后。还要避免发生陈友谅遇到的那种事，莫名其妙天降正义，一支羽箭把他带走了。通过这些描述，我们应该也发现了吧，很多牛人的成就很大程度上依赖的东西显然是运气。同样，后来人最需要的东西显然也是运气，不然就投胎投歪了。这也就是巴菲特说的"卵巢红利"，你还没出生的时候，你的命运就被决定了一大半，真是残酷而讽刺。这也是《贫穷的本质》书里的一个关键命题，你的命运往往决定于你的父母，你的父母就是你的起点。比如你还是个孩子的时候，你父母就能把你送入好学校，手把手教你怎么记笔记，怎么分解问题，怎么培养注意力，怎么处理人际关系，均衡搭配营养，正确地找结婚对象及事业怎么发展，当你想尝试做买卖的时候还能给你一笔钱做启动资金，当你破产了还可以再给你一笔钱让你重新折腾。

　　如果你的父母能做到这些，那么无论如何你都比村里出身、硬件和软件条件都差不多的人优势大太多，而且这种优势又是可以累积的，也就是你父母的优势会累积到你身上，你也会把这种优势传递给你的子女。如果你家生的孩子足够多，每代都集中培养脑子好用的，经过几代未必不能培养出个州长、总统之类的，美国那些豪门基本都是这么形成的。

了解了穷人翻身为什么难的问题，就能解决很多困惑，这对我们自身的发展也有很大的益处。穷人为什么难翻身呢？问题就出在以下几个方面：

一、穷人最难突破的就是父母

父母是每个人的起点，也是绝大部分人的天花板。中国最近几代人大部分都比父母混得强，因为父母被耽搁了，再往后几代，大家就能看出来我这句话的威力了。美国、英国、德国那边的成熟型社会，这一点表现得非常明显，绝大部分孩子没法超过自己的父母。

我经常看到一些父母自己一事无成，教育起孩子来头头是道，但是孩子好像故意跟他们对着干，无论父母说什么，孩子就是不听。这是一个值得让很多父母反思的现象：绝大部分父母都没有意识到，孩子是在模仿自己啊。你是怎么做的他就会怎么做。当然了，等他长大了，他也会这么教育自己的孩子，并且也会头头是道，但是孩子依旧当作听不见，然后该干啥干啥。

也就是说，排除低概率基因变异的情况，孩子从父母那里继承了两套基因，一套是生理学意义上的基因，你孩子长得像你，跟你有着一样的瞳孔颜色和耳垂形状，这是生理基因。另一套是社会学意义上的基因，你孩子做事方式也很像你，思考方式也很像你。如果没有义务教育，你的孩子大概率就是你的翻版，这就叫社会基因。

义务教育改变了很多家庭的社会基因，毕竟能跟着牛顿学点基本常识，跟着鲁迅学能对社会和人性有所了解。不再局限于所有知识都来自家长，但是家长对孩子的影响几乎是决定性的。也就是说，富人会把自己的一些经验传承给孩子，穷人会把自己的很多方法和理念传授给下一代，尽管很多东西他自己也知道不对，但是不知不觉就传递下去了，这样的结果往往是父母啥样孩子也啥样，多么令人悲观和不安。

对于绝大部分人来说，从父母那里并不能学到多少有用的生存技能，因为父母辈的人也不大明白如何加强自己的生存技能，更不知道如何把生存技能传递给下一代，而且这种状态会一直通过"社会基因"向下遗传。这一点在农业时代特别明显，因为那时候读书是奢侈品，并不能像现在这样随随便便就能学习到知识，一般的家庭根本不去想读书学习的事，经验几乎都是从父母那里得来的。只有类似曾国藩这种地主家庭,大儿子老老实实在家种地,剩下的孩子里选个脑子灵活的读书,这代人考个秀才,下代人就可以考个进士。等到其中的一个出息了,就把家里其他兄弟也带出去,比如后来曾国藩发达了,就把自己的俩兄弟曾国华和曾国荃也带出来了,跟他一起在外边打仗立功。后来曾国华阵亡在了三河镇,另一个弟弟曾国荃则混得风生水起。

古代整体遵循的就是一种"进化算法",一步一步来,每代人中择优培育,如果一个人发达了,大家一起跟着发达。

现代社会跟古代相比,最大的突破之一就是义务教育。义务教育最早起源于德国,被认为是后来德国和美国迅速赶超英国的撒手锏。英国在第一次工业革命后,政府工作重点是煤矿和纺织,技术含量不高,英国当时把工人当牲口使,用死了一批就换一批,根本没人力资源一说。

德国最早开始普及义务教育。电力时代需要大量的技术工人,得有相关知识才行。英国那种"牲口教育"模式就落伍了,因为不识字的人没法操作电力设备。其后,注重教育,全民素质高的德国和美国后来居上,这招后来又成了日本、中国等后发国家的撒手锏。

义务教育强行把孩子们送到学校，一方面可以搞爱国教育，美国那样的一个大熔炉国家，每天早上孩子们都要背诵誓词，就是大家熟知的"上帝之下，不可分割"，时间长了，国家意识就出来了。

义务教育的另一个优势就是打破"社会基因"。父母知道的东西就那么点，孩子自然难以跟着父母学到知识。学校有义务教育，孩子被送到学校强行灌输宇宙大爆炸、进化论、分子生物学之类。在中国，义务教育这些年创造了不少奇迹，穷得掉渣的村里竟然能出几十个大学生，改变了命运，突破了父母的天花板，不得不说义务教育功德无量。不过能够考上理想大学的毕竟是少数现象，在全世界范围内，都出现了一种情况，即各个层次的人会聚在一起。物以类聚，人以群分，优秀的人会聚在一起，这倒也不是他们故意排外，而是一种能从数学上证明的"同质化分层"机制。这种现象跨越物种，跨越文明，任何地方都存在。

也就是说，假如你是个穷人，你离开了家庭，尽量不受家庭影响，但是你的社会阶层决定你周围的人普遍不是特别优秀的那种人，你从他们身上学不到太多的东西，你想变得厉害就得突破这个圈。

二、可怕的同质化分层

一般社会初期的时候都平等，有点像把水和油使劲摇一摇，在一段时间内混在了一起，但是静置一会儿，慢慢就恢复到水油分离状态了，各个阶层会形成明显的界线。不要觉得不合理，全世界都这样，古代和现代也都这样。

我读大学的时候，我们这些小城市的人去大城市，发现大城市里的人跟我们的打扮其实差得不太多，说不上什么时尚。当时我们班城里的同学住的那种单位宿舍，我去看了觉得还不如我们小县城的小平房住得舒服。我感觉2008年左右是个分水岭，城乡迅速分化了，大城市的年轻人越来越时尚，跟村里的长得都不太一样了。

我当初的大学同学现在已经在大学教书了，他有次跟我感慨，说他站在讲台上，一眼就能看出学生们哪个是大城市的，哪个和自己一样是村里来的。而且他发现一件事，最近这几年越来越明显，大学里的农村学生越来越少，自己上大学那会儿全校都是"土炮"的盛况已经不再重现。

其实观察欧美就能发现，欧美已经和平发展几百年了，而我国从一穷二白发展到现在，和他们相比，发展的时间没多久。现在大家就开始讨论中产阶级什么的，中产阶级一年能在孩子身上花十几万、几十万，教育演变成了军备竞赛。在未来，这种状态只会越来越严重，而且呈现出"圈子化"，各种不同的圈子一起生活、合作。有的圈子里的人只需要维持现状不坠落就可以了，有的圈子却需要不断地向上突破。

有点像有些人住在高楼层，只要维持不掉下来就行了，有些却需要气喘吁吁爬上去。问题是高楼层的人在竞争中维持很高的优势，层次越低的人资源和条件越差，爬起来就越难。这种现象在全世界都存在，而且越成熟的社会越这样。在德国，5%的人拥有全国将近一半的房子，剩下的人大部分租房。莱比锡只有5%的人有房，剩下的人租这些人的房。

之前网络上有个说法，说是德国人不急着买房，所以房价不高。后来我常住德国了一段时间，之后又去了一趟。我就问我们一个公司的德国的同事，你们德国人真有这么豁达的房地产消费观？他说，只有傻瓜才不喜欢房，德国人多数都攒不住钱，普遍买不起房。

欧美的国家，富裕的家庭从一开始就买了优质学校的学区房，然后通过优质小学升优质初中，然后是重点中学、重点大学，顺着这样的路径就上去了。当然了，这里不是说进了优质小学就一定能上名校，欧美顶级私立也没这个效果，但是概率会增加很多。相对的，普通人上名校的概率会减少很多，受教育的权利就这样一点点向上移动。

明清时期朝廷就发现一个现象，南方在科举考试中比北方厉害得多。当然造成这种现象的原因很多，比如南方受战乱祸害较少，很多富足且有文化的家族底子足，这些家族往往藏书上万册，甚至有藏书楼，历代都有人在朝廷做官，熟悉科举套路，辅导下家里孩子自然有加成。更重要的是，从宋朝开始，南方经济开始超过北方，南方可以把更多的资源投入到培养小孩上，南方读书的孩子无论是比例还是数量都远远超过北方。福建和浙江这两个省的书院加起来数量比全国都多。经济实力的优势会反馈到所有层面，包括教育。

中国从明朝开始，就有点像现在的录取模式，各个省都会有照顾，而不是简单的全国一起录取，但是在各省内部，依旧是有些地方霸占了全省绝大部分名额。

随着经济的继续发展，社会再演变一些年，到处都会演变成一个个的圈，你进不了这个圈，就做不了某些特定的事。

举例来说，孩子进不了某些好的学校，就考不上"211"和"985"，或者说很难考上，如果上不了这类大学，将来就没法进入更好的公司。我说这些并不是准备贩卖焦虑，而是一种即将到来的客观现实，或者说已经来了。

三、消费的枷锁

在《富爸爸，穷爸爸》里，有句话对我影响特别深：穷人和富人都会买奢侈品，穷人往往用他们每个月的血汗钱购买，那是本应该用来投资或者留给他们的子女的财富。富人则是用他们所产生的资本购买。穷人购买了奢侈品后确实让他们看上去富有了，但他们随即进入了债务危机。每月的工资用来偿还债务，并继续贷款，他们进入了恶性循环。

普通人把自己的工资花了，而一些有富人视野的人会把钱攒下来，买那种可以带来流水的东西。能带来流水的东西叫资产，然后花资产带来的钱，因为那个收入算被动收入。

而且穷人消费和富人消费差距很大。之前德国的一个顶级房地产商有个言论特别有意思，他说财富积累到一定时候，钱是花不出去的。你买辆豪车，车升值了；你买块手表，手表升值了；你买金子，金子升值了，你不能通过消费来消灭钱，这可能就是有钱人生活的枯燥之处吧。但是这里有个问题，这类资产消费说起来容易，但是做起来难得很。最基本的一点，这些年慢慢地大家都开始意识到如果买几套房子，然后坐着当包租公那该多舒服，道理大家都懂，可是怎么做到？

这个问题首先最难的就是需要大笔的启动资金。如果慢慢攒钱的话，估计得攒到天荒地老才能攒出来房子的首付，因为赚的钱不够多。

对于大部分穷人来说，最难的事情就是钱不够花，怎么攒钱买资产？有人说可以借贷嘛，但是流水少的情况下，大杠杆借钱几乎是找死。更让人郁闷的是，穷人信用都不行，借不到钱，或者借钱成本太高。这里说的信用不是生活里说的那个信用，而是银行对你的信用评级。穷人评级低，银行要么不借给你钱，要么利息高得很。

这件事对于那些有条件但是消费观有问题的人是一个非常好的启发，但是对于真穷人来说，几乎无解，明知道当前的生活方式越走越窄，但是依旧只能这样走，这可能是世界上最郁闷的事了。

当然了，有些人属于"道理都懂，客观条件导致没法操作"，但是依旧有不少人脑子里真缺根弦。我有个同学研究生毕业后去当村干部了，他说国家对贫困户有拨款，但是很多贫困户并没有好好地把这部分钱利用起来，不少人到手后随手就瞎花了。他感慨有部分人穷是缺机会，也有部分人真是缺知识，观念有问题，难以扶起来。

四、习得性无助

以下这段话是从硅谷王川的微博那里看到的，非常有启发性：摘自巴里·施瓦茨（Barry Schwartz）的《选择的悖论》（Paradox of Choice）一书——如果一个人长时间处于一种缺乏选择的状态，大脑潜意识会慢慢认为做任何事都无法改变现状改变自身命运，于是会进入一种所谓习得性无助（Learned helplessness）的状态，变得更为消极。即使情况改变，有机可乘时，也不去行动。这种情况严重时，会导致免疫力下降，甚至会得抑郁症。

当有很多选择时,自我掌控感非常强大,这样人可以长期保持一种积极进取的态势,对身心健康很有好处。

当然选择过多的时候又有三个问题:决策需要耗费更多精力;选择后犯错误的可能性更大;犯错误造成的心理挫折感更强。

如果长期不做选择,大脑就会变得很消极。很多人说自己感觉自己快要得抑郁症了,其实可以反思下是不是自己平时几乎没什么事需要自己选择,完全是生活逼着你在往前走?这种状态下,时间长了确实会产生一种越来越严重的消极状态。

这也是我这些年目睹的强人和穷人之间最大的差别,绝大部分正常人似乎对生活有种认命感,觉得也就这样了,凑合着过吧,又不是不能过。当然了,越厉害的人可以做的事越多,越穷的人可以做的事越少,手里没资源,行动力自然就差,而且干什么都不顺利,会对信心打击特别大。

我认为,你可以经营点自己的东西,可以是微博,可以是头条,甚至每天剪辑一些简易的小视频,当然也可以是更复杂的项目。有个读者告诉我,他上次看了我的文章后深刻反思了下,发现自己什么长处都没有,只会玩游戏,最近开始直播玩游戏,并且上传了一些游戏小技巧，比如《绝地求生》怎么压枪，P社[①]游戏怎么上手，竟然有了一波关注，今后要去做兼职UP主[②]了。他终于知道业余时间应该做什么事情了。

这就是我一再强调的，一个人要从消费者向生产者转变，才能改变困境。因为生产的是大哥，消费的是贫者。如果一个人一直做消费者，玩别人的游戏，吃别人做的菜，而不是向生产端转进，那就会一直处在一个坑里，永远也别想翻身。你得让别人消费你的东西。这里说的消费，不一定是花钱，现在花时间也是消费。你花了很多时间在别人的产品上，比如某款游戏，某款让你获得短暂的快乐却浪费时间的APP，也等于在别人那里贡献了价值。

现在的一个决定可能对一个没什么资源和也没动手能力的穷人来说没什么用，但是这个决定很可能五年后就彻底改变了你的生活。

如果一件事你做过了，没成，有很多原因，可能你不是那块料，或者运气不好，但是如果什么都没做，就觉得自己做不好做不成，这真的是心理问题了。

[①] p社是指瑞典开发商paradox，它开发的游戏叫p社游戏。
[②] UP主（uploader），网络流行词。指在视频网站、论坛、ftp站点上传视频音频文件的人。

五、从小的决定开始吧

分析了半天,突然发现如果一个特别贫穷的人看了我的文章,也许真的用途不大,反而会更郁闷。社会对穷人并不友好,远远不止思维方式的缺陷,更重要的是,阶层越靠下,可使用的资源越少,试错成本也就相对越高。这个世界做什么事都是需要试错的,试错是需要成本的。

尤其是放在全世界的视野下,更是尴尬得很。从当前来看,最好的办法还是我们的方法:让村里的人先进城,融入社会分工,给那些进取心强、头脑灵活的人一个机会,说不定他们可以找到一条路,能把自己的老乡带出去。这个不是乱说的,江西那边有个村拿到扶贫款后,在一个很厉害的农民的带领下,全村人生产米糕,卖到全国,现在那个村已经富裕了。当然了,这是宏观层面的操作,具体到每个人,就需要我们多思考多行动,多尝试一些低成本试错而且有长期红利的事情。我现在觉得"万众创业"这个词特别好,大家如果有时间的话都做点什么,不一定要非常盈利、非常独特,一夜翻身,做起来,说不定五年后你会感慨当初的小决定竟然真的改变了你的一生。

"贫穷陷阱"到底是什么

我花了很大精力阅读《贫穷的本质》后写了一篇《〈贫穷的本质〉这本书到底说了什么》。

后来很多读者觉得不够过瘾,让我讲讲这本书里还说了一些什么,我正好要写一篇文章,有些话题和《贫穷的本质》有关。

一、贫穷陷阱是怎么回事

按理说,一个人今天和明天的收入不会出现太大的变化,但人是有梦想的咸鱼,一个人不可能把今天的钱全部投入消费,总得积攒点,而且每天做点自我提升,随着时间的推移,他就能够升职加薪,所以一个人明天的工资一般都比今天的高一些。这也是传统经济学的观点，经济学家们认为，一个人的工资在长期范围内是越来越高的，但工资涨幅是慢慢变小的，直到不涨了，最后退休，这也符合我们的认知。

按照这个逻辑，好像所有人的收入在长期内都能缓慢提升，发家致富，走上人生巅峰。

而且这个逻辑认为，"生活中多出来那部分钱"是收入增加的关键，这个理论也形成了世界范围内的脱贫新思路，认为只要穷人生活中有多余出来的财富，就会拿去自我投资，实现收入的增加。所以各国都在给非洲发钱，希望他们能够实现收入的增加。最后却收效甚微，非洲绝大部分地区还是那个样子，穷人们把联合国救济署给的钱花完后继续穷着，没什么根本性的变化。

经济学说的好像跟现实生活不大一样，毕竟直觉告诉我们，"收入一直涨"这事说的只是一部分人，而且往往是经济好的地方的人，绝大部分地方收入不但不涨，有时候还会倒退。现在很多国家地区收入就陷入了停滞，然后由停滞引发动乱。这种问题出在哪里？

2019年获得诺贝尔奖的得主深入世界上最穷的地方仔细研究调查，最后得出个结论：这些穷人把生活中多余出来的钱乱花了，没法做到攒起来改善生活。

也就是说，穷人不但不擅长赚钱，反而擅长浪费钱，而且通过仔细的计算发现，穷人用于奢侈品开销的比例远远高于富人。这种发现和我们的生活中的很多现象类似，我这几年看过太多的人干这种事情。比如很多人赚钱能力没提升，却在网贷方面积累了一堆新技能，月收入不到一万却欠几十万网贷的也非常多。这倒是应了《绝命毒师》里大毒枭那句"穷人谁都会做"的话，因为顺着本心去做就可以顺利做穷人——当你不反思自己、不克服自己的问题的时候，很容易沦为穷人的。为什么会出现这种状况呢？主要是两个原因导致的，一个是皮质醇，另一个是奢侈品。

二、皮质醇

控制人体奖励机制的东西叫多巴胺，这种物质有两个明显的作用，一是让你开心，当你在淘宝下单的时候能体会到的那种快感就是这种物质释放的结果；另一点是增加排尿，一个人开心的时候容易尿急，不过很多人太欢乐注意不到这种现象。

与多巴胺的作用相对，让人体不爽的情绪是由什么物质来控制的呢？有多种物质，不过皮质醇是其中最关键的一种。

皮质醇跟组织胺（蚊子咬了肿起来一大块就跟这种物质有关）有点像，原本进化出来是为了提升我们的生存概率的，现在却让人烦不胜烦。

举个例子，假设你是一个进化还不完全的原始人，跟着同伴在森林里拎着兔子唱着歌，突然出现一只花斑老虎，你怎么办？一般有三种可能：

第一种，觉得这只大号的猫非常可爱，上去摸了一下，于是被老虎吃掉，所以这种对未知动物充满好奇心的基因基本绝种了。人类对没见过的花斑东西都有种本能恐惧，绝大部分人甚至连花斑蝴蝶都有点怕。

第二种，被老虎吓得屁滚尿流，生活完全不能自理，呆若木鸡，等着老虎用餐，这种基因也没了。

第三种，部分人不小心进化出了"皮质醇"，让你在危急的情况下顺利逃跑或者操起一根棍子跟老虎玩命。尽管你不一定能跑得掉，但你还有两个同伴嘛，他俩一个上去撸大猫，一个已经被定住了，老虎接下来的很长时间都在用餐，你逃脱的概率还是

第二章 财富的本质

很高的。随着你欢乐地出逃，皮质醇也就跟着你跑出来了，一直遗传了下来。

皮质醇尽管能让你在危险的时候不至于定在那里，提高了生存效率，但是这种物质也有明显的副作用。现代人常见的几种问题就和物质有着极大的关系，比如怎么都休息不过来，疲劳，什么也不想干，看什么都烦，完全没法集中注意力做那种需要静下心来才能做的事；已经很胖了，还特别能吃，吃饱了还想吃，要减肥却导致报复性地大吃；情绪低落，只想做一些不费神的事，比如坐在那里看电视；最关键的是使得"延迟满足"的能力变弱，比如你今天意外赚了五千块，你可以选择今晚就去泡个桑拿，吃个日本料理，如果还剩下些，再去路边吃个串，这样当天就获得了满足感，问题是资源也没了——其实你本来还有一个选择，你可以把这些钱攒下来，攒够钱搞个店面，等店面赚到钱之后再享受，这就是《富爸爸，穷爸爸》里说的"穷人花血汗钱，富人花资产赚的钱"的现象。但是这个过程中你就得攒钱，不能花，延迟满足，可能需要十年二十年才能吃到今晚那顿料理，你能忍得住吗？

皮质醇会导致延迟满足能力变低，这种现象在现实中很多，当一个人心情不好的情况下大多需要购物化解嘛，很多女生都有

081

深刻的体会。

国外一般把这些不好的状态称为"压力",不过如果在国外待一段时间,就知道他们说的那个"压力"比咱们说的范围广得多,几乎所有的负面情绪他们都归结到压力上了。

一般来说,你所有的情绪都是你体内的几种神经递质和激素的外在体现,多巴胺分泌多的人,一般情绪能好很多,分泌少的人容易得抑郁症,如果再少的话,容易得老年痴呆症。

皮质醇和多巴胺一样对人体必不可少,如果确实是处于危险状态,没这个东西可能就死亡了,但是正常情况下这种物质过多也可能会导致抑郁症,每天情绪低落。

《贫穷的本质》作者应该是跑到那些穷地方抽血测量过,他发现穷人体内的皮质醇含量指标比正常状态要高很多。为什么呢?因为穷人的生活中琐碎的、无能为力的事情多,疲于奔命,精神上的痛苦比正常人高得多,这就导致他们的皮质醇含量指标比正常人高得多。

皮质醇是控制消极情绪的,在皮质醇含量指标过高的情况下,人容易消极提不起斗志,只想干点轻松愉快的事情,用我们时髦的话讲，心态崩了。如果感受不到这种状态是一种什么心境，只需要想想自己状态不好的那段时间就懂了。处于这种状态，很可能持续消极，别说远期规划了，可能明天的事都不想去想。

如果你是大学毕业，有稳定的工作，精神状态持续不好，最大可能是工作不起色、不加薪，但如果你是个穷人的话，那就麻烦了，因为你被锁死在那个状态了。

这也是我这些年发现的一个明显的现象，有很多人宁愿自怨自艾也不去奋斗，整天抱怨。

我以前觉得那些自怨自艾的人心态有问题，现在看来，很有可能是皮质醇含量指标高一些。激素影响思维，精神状态一直处于高度抑郁状态，自然积极不起来，也没法延迟享受。

整体来说，生活中疲于奔命的人被生活折磨得烦不胜烦，自然皮质醇水平高，这种物质又会让人的精神状态雪上加霜，让人更加消沉，更加容易逃避，更加不愿意长期规划，也就越陷越深。

皮质醇指标过高造成的种种问题，怎样解决呢？说实话不太好解决,人生最难的事,就是掉到了一个"负反馈"的坑里,越陷越深,想出都出不来。不过如果是短期的那种皮质醇含量指标过高导致的问题并不难解决,多吃香蕉,多锻炼,很快就好起来了。更关键的是,你精神状态不对的时候,你得知道自己这种状态不正常,赶紧去寻求改变,而不是让它继续坏下去。

三、奢侈品

还有什么东西影响一个人、一个家庭脱贫呢?没错,它是奢侈品。奢侈品在不同的群体里,存在不同的用途和价值:

在富裕的群体中,他们对奢侈品基本上没有特殊的感觉。

以前《读者文摘》里有这么一个故事被反复提及:比尔·盖茨的女儿全身上下不过一百美元的样子。这个故事一直被很多人津津乐道到现在,它的主题是想表达美国人比较喜欢朴素,中国人比较喜欢奢华——当然了,这个段子是编的。比尔·盖茨的女儿真实的生活是什么样的呢?

根据报道,比尔·盖茨的女儿喜欢吃必胜客的至尊比萨,这种食品在美国就是个煎饼果子级别,而且她多次说自己爱汉堡包。这么看确实挺朴实无华。此外，她还喜欢两千美元一块的日本顶级牛排，这种食品就不是普通人能消费起的了。

比尔·盖茨的女儿说喜欢穿安德玛品牌的衣服，这个牌子在美国跟李宁在中国差不多。同时，爱马仕专门给她设计了骑马服，这是限量款，一般人不但买不起，而且买不到。

另外，比尔·盖茨的女儿还是个马术爱好者，名下有几匹顶级阿拉伯马和至少五块地皮的马场，以及配套训练和养马专业人士。我们需要知道的是这类马贵得离谱，而且挑食物和环境。每匹马都得一群人养着，比跑车难养得多。平时她偶尔开smart，但是周末坐自己的私人飞机回西雅图。

美国记者总结，整体而言，盖千金既不奢侈也不朴素，因为她对价格完全没概念，在她眼里没有奢侈品和普通品的差别。这也代表了真上流社会对奢侈品的态度，就是没态度，就跟你骑着一个电动摩托车，有路人夸你的摩托车很酷，但是你没什么感觉一样。

对一部分群体而言，尤其商人、企业的管理者等，奢侈品的价值主要是身份的象征。

我有个朋友是做二手保时捷的。这个朋友没有店面，平时的工作就是把保时捷卖给微商，因为很多微商需要这种产品来撑门面。为了买二手保时捷，一些微商经常需要办好几张信用卡才能买下。有了保时捷就可以充当成功人士给别人说教，顺便发展代理之类的，大家往往是看一个人混得比较好才跟着他，这时候保时捷有奇效。

我问过他，那些人买了保时捷就能赚？他说跟炒股差不多，经常是七个赔，一个赚，剩下两个不赔不赚。那七个赔的将来再把二手保时捷卖回给他，他继续卖给别人。不过大家一般只能看到赚的人，所以总有效仿的，他也就一直有生意。

在这里，奢侈品成了一种类似入场券的东西，通过它向别人暗示自己的社会地位。

奢侈品还有第三种用途是自娱自乐，这也是我们最常见的用途，这是学界的共识。

很久以前就有心理学家写过相关论文，心理学家早就发现人们对奢侈品的爱好并不是天生的，而是后天才形成的，是受社会影响的结果。

如果你给十四五岁的孩子讲清楚一个名牌包和一个几乎一模一样的高仿价格差一百倍，小孩子肯定非常难接受这个道理，并不是道理太复杂他理解不了，而是这个道理太反常识。奢侈品的价格是信仰，并不是逻辑，正常人不懂很正常，一下就懂了可能他的思维有问题。等到这个孩子上大学的时候就慢慢能接受这种现象了。

在小孩子成长的这几年，经过商业广告和消费文化的轮流轰炸，经过很长的"洗脑时间"，他才能慢慢被培养成"拜物教"接班人。

这也是为什么很多人纳闷奢侈品行业基本都是暴利的，但是很多奢侈品企业现在也面临倒闭的原因——给大家洗脑需要成本，广告花费是巨大的，足够把很多经营不善的奢侈品公司拖垮。

正是这种长期的洗脑，让一部分人把买奢侈品当成了信仰，所以他们花大价钱买的时候才能获取那种巨大的幸福感和愉悦感，感觉整个人得到了升华。

为什么我们花大篇幅讲奢侈品呢？因为《贫穷的本质》书中反复强调要降低奢侈品的消费，我在前面也说了，真正有钱人眼里的奢侈品就是你眼里两千块的电动摩托。

只有想骗钱的和被人洗脑洗坏了的人才会对奢侈品有特别的兴趣，才会为那东西支付高额溢价。如果你本来就有钱，买奢侈品倒也无所谓，但是如果你本身需要资源来自我提升或者增加财富，然后你买了奢侈品，就未免有些愚蠢了。

无论东西方，都出现了一个有意思的潮流：在刚开始发展的时候，都会对奢侈品消费趋之若鹜。美国刚开始发展的那些年，恨不得把欧洲所有好东西都在美国复制一套，但是等到美国大兵去欧洲参加"二战"，发现欧洲已经破败得不行了，他们回到美国后就彻底"祛魅"了。

日本也一样，"二战"后的二十世纪七八十年代，很多女性节衣缩食也要买个名牌包，这些年明显已经开始"去物欲"。我去年去日本，发现很多女孩已经只拎一个没有商标的大布袋子了，十年前这种情况非常少见。现在中国很多人把家里不必要的东西扔掉，只剩下几件必需品，这种"极简主义"思潮也是日本来的，这种潮流在中国会越来越明显。

奢侈品崇拜本身是一种文化崇拜，一个人、一个群体的文化彻底自信了，不再迷信"工匠精神""百年皇室"这类虚头巴脑的东西，它对人们就不会再有吸引力了，人们就会更关心功能而不是品牌，也不会再硬撑着为品牌支付高额溢价。

四、到底什么是"贫穷陷阱"

我在《〈贫穷的本质〉这本书到底说了什么》一文说过，整本《贫穷的本质》里几乎没有新的观点，全部是对一些老观点的实地验证，验证的结果是"老观念都是对的"，比如多攒钱，通过攒钱来改善境遇；有恒产者有恒心；教育很重要……

贯穿《贫穷的本质》全书的核心思想是"能不能积累到钱是你能不能摆脱困境的关键"。注意，这里说的是靠一个人积累到钱——积累到钱是个内功，也就是你自己能力的一部分。如果钱不是你自己攒的，而是扶贫直接发下来的，或者中了彩票，大概率很快就败光了。最近一句话说得很有道理：靠运气赚来的钱，都会靠实力败出去。

除此之外，我看完《贫穷的本质》一书之后的体会就是：很多我们从小接受的中华传统美德观念都是对的，比如勤俭持家、量入为出等，并没有因为进入现代社会就不适用了，反而那些观念太过新潮的人往往会被网络贷款给困住了。

什么是贫穷陷阱——不切实际的奢侈消费就是贫穷陷阱。这会导致你积累不到钱，以至于生活困苦。当你生活困苦，又没有任何存款，会导致你的皮质醇升高，让你难以集中注意力，更加难以延迟享受，让你更难赚到钱，也就更难积累到钱。这个说法对所有阶层的人都适用。

前几天看到一篇网络文章，说是某大佬对未来几年整体非常乐观，评论区一片冷嘲热讽。

很多人未必知道，强悍的人基本上对未来都是乐观判断，但是当下永远都是按照危机时期来打理，控制现金流，准备过冬粮，小心谨慎走好每一步。

反过来一些人恰好相反，对未来很悲观的同时又大手大脚，不攒钱也就罢了，还享受各种超前消费。

看到江南愤青老师微信朋友圈讲了一句话，非常有启发，分享给大家：简单的欲望，只需要放纵就可以实现，而高级的欲望，放纵是实现不了的，需要的是自律和克制。

第二章　财富的本质

链接即财富

每到一年年末的时候，总是要总结一下。总结过去的得失，对未来的发展会更有帮助。说说我这一年收获的一些感悟。

一、一定要保持乐观，人有一种奇怪的自我实现的能力，你觉得这个世界是什么样的，它似乎真可以修正，跟你心里的样子越来越像。世界上没有什么事比悲观蒙蔽双眼更郁闷的事了，乐观会带来财富，悲观会带来灰暗。我在一篇文章里说，乐观还是悲观本身是一个经济问题。你只有坚持看多，坚信这个世界会越来越好，你才有发自内心的动力去折腾。这种持续的动力就跟巴菲特说的"长长的雪坡上有个小雪球在往下滚"一样，一开始可能不明显，时间长了就会非常明显。

二、这个世界资源是无穷的，而我们总是盯着眼前的一亩三分地，那种感觉就像是印第安人在波多西种玉米，完全不知道地底下埋着史无前例的银矿一样。有时候我们太过执着于眼前的那点好处，完全忽略了世界很大，资源很多，经常只需要伸手去够一下就能拿到。

三、"链接"本身就是财富，如果没从链接中受益，说明你链接的资源不够多。这是我全年体会最深的一件事。我并不是鼓励大家去做这件事，而是希望大家能理解这种思路，当然最好能够用上。我用这种眼光观察了一下周围的世界，突然发现懂了好多之前一直也不太明白的事。这也是之前王川所说——接触真实的世界和市场，发现有些赚钱的机会和市场与主流媒体宣传的不一致，有些被人忽视的领域有赚钱的大机会。

四、2018年，我学到的最重要的一个词语是"内卷化"。什么是内卷呢？这个词最早应该是讲中国晚清那种情况的，提出这个概念的人认为欧洲的工业革命一个原因是人工成本太高，因为人少，所以就需要通过机械来代替人力，这便有了持续改进机械的动力，因为有这种持续的动力，最终突破了农业社会，进入了工业社会。我国则不一样，人多，过剩人口导致人力太过便宜，使得以节省人力为目的的技术变迁没法自发出现，也就一直自我锁死在了低层次文明水平上。这也就是传说中的"李约瑟难题"

的一个现象。

把这个"内卷化"延伸下,可以理解成一个系统的自我锁死,或者自我封闭,缺乏延伸性,系统不会变得越来越大,所以就算很大很大的公司,也非常在意每年的增速,因为一旦放缓或者停滞,绝不意味着今年赚到的钱会跟去年一样多,更不会意味着明年还会一样多。一旦放缓或者停滞,很有可能是内部出了问题,会导致组织迅速的坍塌。

五、有些事投入不大,但自带杠杆,这种事应该多做。比如写文章就是,花几千块买书看书,然后写文章,写出来之后看到的人越来越多,我也会从中获得越来越多的收益,随着阅读的人越来越多,效果会呈现出明显的加速。一般我们也称为复利。

此外还有件事,你要是给别人打工,今天提供一个交付件,老板会按件计费给钱。事实上这个交付件有个很长时间的"收益尾巴",也就是明天它还会带来收入,后天依然会带来收入,但是这部分钱就归老板了,我认为"剩余价值"最有价值的部分是这些。比如我写一篇文章,长长的收益尾巴可能就归我自己了,这里的收益倒不一定是金钱,可能是其他方面的收益,但那也是归我了。单个交付件不明显,多了就会有效果,大家一定要记住巴菲特说的那个"雪球效应",这是非常有价值的。

说这事不是鼓励大家去创业,我自己也没有创业的打算,而是在生活中擦亮眼睛,去寻找这方面的产品,自己交付,自己拿长尾收益。

其实时间才是真正的成本,昨天不知道在哪里看到这样一句话:"做一件事最好的时机是十年前,其次是现在,不要被农业社会的固有思维限制住头脑。"

第三章

认知突围

掉进坑里如何爬出来

有个词语，跟"熵增"一样值得我们好好吃透，叫内卷化。第一次听到这个词语是在一篇分析清朝经济的文章中，讨论清朝为什么没有发生工业革命。学者们针对清朝没有发生革命的现象，提出了内卷化的概念。

清朝为什么没有发生工业革命，以及内卷化到底是什么概念？——清朝人口太多，人力成本非常低，所以，不管人们做什么，都不需要改进技术，通过增加人力就可以解决。比如在清朝的时候，生产丝绸和瓷器有利可图，作坊的所有者如果需要扩大再生产，只要多招一些手工业者就行了。如果同样的事情在英国，情况就完全不同了。由于人力太贵，作坊主想扩大生产，增加一百个人的花费还不如搞一台机器来解决节省成本的问题。于是英国人开始研究改进机器。清朝的时候，因为作坊主不研究开发机器，就不会有工业来吸收多余的人口——工业化时代人口才是资源，在工业时代之前的农业社会，人口往往是累赘，因为农业社会对过剩人力的吸收能力极弱，过剩的人力进一步导致人力成本低，于是形成恶性循环。清朝在这种恶性循环的逻辑之下进入了一个循环向下的通道。如果没有外界打破自身的循环，很难突破手工业和农业的"结界"，就像一面无形的玻璃似的，挡在清朝的前边。所谓内卷化，指一种社会（文化模式）某一发展阶段达到某种确定的形式之后，这种形式便停滞不前，难以转化为另一种高级模式的现象，从而把自我锁死在低水平状态上，周而复始地循环。

我认为内卷化是非常值得我们研究的现象，一方面它有极高的价值，因为它能解释我们心中的很多困惑，而不是用一句简单的"中国人的思维有问题"去解释现象。

"思维有问题"是非常"万金油"的解释，这种解释方法能解释世界上几乎所有的问题，比如为什么有的国家穷？我们可以套用一句，说他们国家人的思维有问题。为什么中东总打仗？我们套用一句，也是他们的思维有问题。其实，喜欢用这个逻辑的人思维才有问题。另外，把内卷化的逻辑延伸下，就能发现我们身边到处都是这样的现象。比如，一个父母外出打工的留守儿童，在爷爷奶奶的照顾下，很早就辍学，然后进入社会当小工，他只有体力可以出卖，闲暇时间也被游戏和抖音挤占了。他想学习点新东西，基本不大可能得到周围人的支持，而且他也没有多余的时间去学习，这就是一种"低层次循环"，日复一日，人生越混越掉坑里了。再如，一个京沪的白领，天天早上出门，晚上很晚到家，天天都在忙，但是他过了一些年才发现，他以前所得到的升职加薪，本质都是教育和年龄的红利，等到黄金年龄一过，如果没有升到一个不可或缺的位置上，绝大部分人迅速进入下行通道，似乎越努力掉得越深。

一旦进入真正的内卷化的陷阱，如何解决呢？

首先，解决内卷化陷阱的问题就是注入外界的资源。

我们复盘下，为什么后来我国从农业社会的内卷化逻辑中摆脱出来了呢？

我认为有下面几个核心因素，一是新中国成立后在初代领导人的带领下，我国被深层次改变了一遍，加快基础建设、推广平等意识、妇女解放、全民识字……在全民的努力下，社会的软、硬件方面都有了初步的奠基，这算作自身的努力。

其次是苏联的援助，在苏联的支持下，我们获得了很多技术。中国初步有了工业化的能力，不仅埋藏在我国地底的财富被开发了出来，而且各种各样的物质也被加工成了有价值的产品。

后来，我国加入WTO之后，出现了像大海一样的市场，前期的工业准备具备了更高的价值——我们的工厂和设备可以生产、升级、再生产，越来越多的农民转型成为工人，越来越多的人收入多起来，慢慢地形成了巨大的内需，内需又可以拉动经济。

一开始我国的工厂生产一些低端的产品，慢慢地生产出越来越精细的东西，将来会像韩国、日本一样引领科技进步。当然了，生产的广度上也有了突破，黄桥镇农民们生产的小提琴干掉了日本同行，市场份额达到了世界的一半，而且生产的不是低端产品，很多是中高端的。桐庐被称作"中国民营快递之乡"，中国快递行业著名的"三通一达"全部发源于此。这一切简直恍若隔世。

一个人要解决内卷化的陷阱难题，是需要外力来帮助的，即需要外界拉一把，也就是我们民间说的贵人。所谓的贵人，其实是比你高出一个段位的人，你的问题在他那里不算什么问题，他可以把你从底层拉上去，当你有能力形成正反馈，你就能在高层次进行良性循环了。如果你能力差一些，也有可能是锁死在了一个稍微高一些的层次，但是一定会比之前强一些。

多年以前我从一个非常有智慧的人那里学到了一句话："小孩靠教育，年轻人靠勤奋，中年人靠运气。"是的，教育其实是很多人的"贵人"，知识本身就是上帝，可以帮助很多人提高很多层次。

从某种层面上看，如果一个人真的很勤奋，教育对他是非常平等的。现在你能够在网上看到耶鲁大学的心理学课程，并且这些内容还是翻译过来的。令人气愤的是，到现在还有糊涂的人问看书和教育有什么用。如果你真的接受了正儿八经的教育，就不会问这么无知的问题了。高考其实是教育这个上帝对你的一次救赎，把你往上拉几个阶层。

很多人认为犹太人智慧是因为他们的基因（血统），然而多数人并不知道，如果严格地讨论血统，原始的犹太人和阿拉伯人是同一个血统，都是中东闪米特人后裔。你如果坚持认为犹太人种族智商高，你得顺便相信阿拉伯人也智商高。因此，准确地说，犹太人这个概念更多的应该是一种文化概念，而不是血统概念。也就是说，信仰犹太教，并且母系跟原有的犹太人有血缘关系的，就是犹太人。

不过犹太人的成就，是和地理位置有着很大关系的，这是一个很有意思的现象——犹太人里成就高的，往往名字中带有"斯坦"和"伯格"，基本上都是大德意志地区的犹太人，也就是现在的德国和奥地利那一带的犹太人，而其他支系的，普遍成就比较低，比如东欧的那些犹太人就没有很大的作为。对于这种现象，这些年有一个非常可信的解释：犹太人高成就，其实和德国最早开始搞义务教育是分不开的，他们吃了大德意志地区的教育红利。

解决内卷化陷阱的问题就是注入外界的资源。对一个人而言，教育是一个人的贵人，是解决一个人内卷化陷阱问题的最好的外界资源。

其次是多试错会带来运气。

中年人靠运气这件事不好理解，我最近慢慢有点体悟。首先，几乎所有有成就的人，在人生道路上最关键的一步，都是靠运气走出去的。对一个人而言，勤奋和智力学识都是基础，能不能实现跃迁，主要靠运气。但是有成就的人是不会跟你说的，因为说了也没用,毕竟运气没法复制,也没法学习。生在巴菲特他们家你已经成功了一半,巴菲特把这种现象称为"卵巢彩票"。

我的微信公众号和微博虽然说不上有巨大的影响力,但还是小有成绩的:当前我的微博接近一百万粉丝,微信公众号在文化类排行第二十二名。

有时候我自己觉得难以置信。在李子暘老师推我的微博之前,尽管我写了很久,也没多少人关注,阅读量基本为零。我的微博能够火爆起来,最初靠的是铅笔社的李子暘老师推了几次,有了一批关注的小伙伴,然后才慢慢成长起来,跳跃到一个正反馈循环里。

有的读者咨询我,怎样才能把微信公众号和微博做起来?很简单,你先写起来,然后具备好运气的基础——被人推荐。

运气既然这么重要,具体怎么操作呢?其实没有特别的办法,你要多尝试不同的事情,才能获得更多的运气。如果你每天按时搬砖,其余时间玩抖音,你也很难获得运气。

以前一个很厉害的人说,在能承受的范围内多尝试,多去面对不确定性。你只有买了彩票才会中奖,你只有去寻宝才有可能碰到宝。比如年轻的时候,不要怕苦,去北上广等一线城市多尝试,毕竟一线城市变化多、机会多。运气和变化是一对孪生兄弟。这就跟进化似的,进化始于自身的基因突变和环境的变化,所以不要太害怕变化,也不要太害怕不确定性。

如果你做的每件事确定性都很强,当你在学校的时候,你是个好学生,当你毕业以后你是个好员工。是的,你很少冒险,人生按部就班,那么结果你就会成为彻底的无神论者,因为拜佛不拜佛对你获得的结果没什么差别。

如果你做高冒险性质的事情,对运气的要求就要高很多。比如一个人以打鱼为生,需要出海,或者从事高危行业,每天睡着不知道能不能醒来,时刻充满了风险,这样他就慢慢对不确定性充满畏惧,很容易变得迷信。

某次出海拜了妈祖顺利归来,下一次没拜差点死在海里,很容易让人觉得有"超越个人的能力",以后每次都去拜,哪次拜了还是碰上风浪,很容易让人反思是不是上次不够虔诚。

很多特别富裕的人喜欢看风水、算命什么的,因为他们经常从不确定性中受益,想持续维持这种状态,几乎无法避免掉进迷信这个坑里。

很多处于高段位的人也都不是特别明白自己怎么混到这一步的，而很多贫苦的人对自己的人生缺乏控制感，所以这两个群体往往不可避免地迷信。如果你知道自己的每一分钱是怎么来的，你想迷信也迷信不起来。

说这个不是想让大家去迷信，我只是想尝试解释下运气到底怎么运转的，并且正确看待运气这种事物。运气就是基于不确定性产生的，一般来说，你坐在家里什么也没干，好运很难会从天而降。

我们正常人在进化上有一些缺陷，比如本能地恐惧变化和不确定性，因为在漫长的原始社会，随意溜达很容易被老虎吃掉，我们都是不爱乱溜达的人的后代。我们也总是很容易悲观、泄气，没法长时间保持乐观，这也好理解，因为在原始社会的时候，如果一个人好奇心太强，看见毛茸茸的豹纹绳状物就想摸一下，那么这种人基本上就被淘汰了，剩下的人都本能地对不认识的东西充满疑惧。而且本能地对短期没效果的东西充满反感，没法在一个领域熬死竞争对手，也就没法在多条战线上同时进攻。所以，基于以上的缘故，绝大部分人容易掉入内卷化的陷阱而难以爬出来。只有清醒地认识到内卷化的陷阱之后，你才能先于别人爬出来。

是什么让我们变得更强

谁是塔勒布？

塔勒布是畅销书《黑天鹅》的作者，是个非常有思想的人。他的书和文章我已经看了十来年了，笔记我也记了很多页。不过，《黑天鹅》翻译得不够好，有些人看一会儿就崩溃。

所有读者在亚马逊的kindle对每本书的评分大家都是能够看到的，塔勒布的《黑天鹅》评分非常低。有人就问：是不是塔勒布被一些人严重高估了？——他的书在亚马逊低估，很大原因是翻译水平有问题造成的。

我认为塔勒布的作品非常有价值，认真地学习下他的作品，是能够让人受益的。我们把塔勒布的理论拿出来看看，是能看懂很多东西的：

一、毒物兴奋效应

有种理论认为，人类吃蔬菜有利于身体健康仅仅是因为蔬菜可以给大家补充维生素和纤维素，是我们饮食营养的关键因素。蔬菜有利益身体健康的主要原因是：蔬菜是有毒的。

蔬菜在进化的过程中为了防止兔子吃它，都纷纷进化出来了一定的毒素，争取让兔子吃了闹肚子或者精神恍惚，以便下一次兔子见到这种植物就会绕着走。

蔬菜没想到的是，生命体都是要进化的。蔬菜那点毒素不但没吓到兔子，反而刺激了吃到植物的兔子机体的发展，兔子可能被毒了一下，但是适应了这种毒素，而且变得更加抗毒。

也就是说，从生物学的角度来讲，低剂量毒素有助于身体健康。

几乎所有的生命体都有种"过度补偿"的机制，锻炼的时候肌肉被拉伤，在家养几天，新长出来的肌肉会变得更加粗壮，这个过程反复多年，就能长出一身肌肉。

最近这几年有研究发现，突然哪天一整天不吃饭，饥饿感可以激活人体早已沉睡多年的应急机制，断食24小时细胞的自噬反应会提高200%，这种反应可以帮助细胞清除代谢的废物，从而起到修复细胞、延缓衰老的作用。这几年间歇性断食（Intermittent Fasting）风靡全球，也是这个原因。

疫苗的本质是病原微生物（如细菌、立克次氏体、病毒等）及其代谢产物，经过人工减毒、灭活或利用其他方法制成的用于预防传染病的免疫制剂。当疫苗进入人体后，人体以为遭到入侵，迅速组织抵抗，并且把入侵的微生物登记了，下次遭到入侵就可以迅速反击，这就是为什么接种了疫苗后有些人竟然跟感冒似的，其实就是免疫系统正在尽力攻击疫苗，这次攻击完，今后就不用再经历病痛了，以小痛苦避免大折腾。

社会和公司这些类生命体也有类似的机制，什么叫类生命体呢？非生命体，比如一个杯子，掉地上就摔碎了，如果杯子比较结实，没被摔碎，也不可能摔一次后变得更加结实，因为杯子内部没有那种复杂的机制让它逆势上升。

但是生命体不一样，婴儿就是在不断的摔倒过程中成长的，类生命体的公司也是在一个接一个的小危机和大周期中成长的，国家也是在磕磕绊绊中从小国变成大国。哺乳动物、银行、跨国公司、科技、谣言、思想等，这些东西都有生命体特征，越压越厉害，会进化、变强。

有机体，或者说生命体，都有类似的能力，经历小的刺激和压力，使我们恢复过来后更加强大。非生命体则没这个能力，用塔勒布的话说这就是"反脆弱能力"。

为什么流行病来临的时候，不幸没挺过来的基本都是老人？因为随着年龄的增长，衰老最明显的一个特点就是失去了"反脆弱性"，面对病毒一波又一波的进攻，免疫系统很快崩溃，各种器官也纷纷罢工，很快就撑不下去了。

年轻人的免疫系统就跟一个现代国家的国防系统似的，面对病毒的入侵，迅速发布动员令，所有资源送到免疫系统，抗下病毒一次又一次的进攻后不但没变弱，反而变强了，最终持续几天之后，病毒被压制，人也就痊愈了。

二、创新的来源

创新的价值被严重高估了，尤其我国以前有一个阶段，动不动就说"中国人缺乏创新能力"。

西方有句谚语叫"必要性是发明之母",几乎所有的发明都是为了解决具体的问题。

这些年我在一家科技公司工作,目睹在一些领域,我和我的同事们做的工作已经基本和美国持平。我的几个朋友所在的几家科技公司也拥有全世界业内数一数二的技术优势。

我发现所谓的创新,往往是一群人为了解决一个具体问题,解决了一连串问题之后,产生的了不起的创新。

我以前在其他的文章里讲过,为什么欧洲在近代会迅速追上东方并领先东方呢?要知道,当初他们去美洲的船都是从阿拉伯人那里学来的,阿拉伯人又是从中国学的。但是开启了大航海时代之后,各种需求暴涨,为了应对频繁的大洋贸易就需要天文方面的技术,不然你都不知道自己在哪儿。为了防海盗,就得研发火炮技术。欧洲打成一团,人口严重不足,就得研发火器来"以一当十"。

相比西方,当时东方的中国却什么新技术都不需要。清朝的名将福康安在尼泊尔见识过英国的火器,当时清兵横扫了操练火器的那帮人,你认为福康安会对马戛尔尼的火器操练感兴趣吗?

后来清朝被西方列强欺负了，才开始了长达百年的改革和进取。新中国成立以后，更是加大了技术上的创新。到如今，无论是社会、公司的管理机制还是技术，都有了大量的创新，这一点如果你是个做事的人，自然有体会。所以塔勒布认为，你缺乏创新精神，是因为你面对的麻烦不够多，如果没麻烦，可以去找点小麻烦。

为什么企业家厉害，因为企业家是以调动资源解决复杂问题为生，时间长了资源和解决问题的套路会多很多，每次用新办法解决一个新问题，就是一次创新。

每天按部就班的人，相对来说用脑就比较少，锻炼得少，自然有些能力这辈子都训练不到。

知乎上总有人问：为什么有些学历不咋地的买卖人却能赚到名校毕业上班族不敢想象的财富？这其中的原因很多，不过其中最重要的原因之一就是：买卖人的学历可能不高，但是他们天天都在磨砺解决问题的能力。从某种意义上来讲，社会也是一所大学，他们已经在社会大学里拿到了博士学位，上班族往往磨砺的是给别人赚钱的能力，在社会大学里还处在初中阶段，自然不能比。

总有人说，"人类从历史里唯一学到的就是什么都学不到"，说这话的多半是无知的文人，因为他们自己什么都没学到，只有具体做事的人才能感觉到那种"知识底层"。比如：正是因为1665年伦敦发生瘟疫，英国最先引入了垃圾处理机制，并且开始考虑使用自来水，把污水和饮用水分开，成立了现代公立医院收治没钱的老百姓。

人类为了对抗海洋贸易的巨大不确定性，所以引入了股票、保险和期货业务来对冲风险。

俾斯麦之前，德国贵族差点在1848年革命中被屠了，所以德意志帝国为了防止爆发革命，最早引入了社会福利制度，给老百姓上保险发养老金，这也是为什么很多人说俾斯麦更像一个马克思主义者。

事实上我们生活中几乎所有的规则、技术、用品，包括红绿灯、靠右走、喝热水、手机、计算机、软件、互联网等等，都是历史上为了解决特定问题出现的东西，然后融入了我们的生活。

三、越来越强

通过上述两点，我们可以总结出来一句话：适量的毒素会让生命体更加健康，适量的麻烦会让人和组织更强悍，更有创造力。

人类往往经历过一轮萧条，或者战争，在那之后无论是经济还是人口，都会发生爆发性反弹，不仅仅是因为艰苦的时期大家更加奋发图强，更重要的是每次灾难后，人们吸取了教训，经济体里的人更加注意平时就做好应对风险的能力，企业也留足现金流，做决策更加稳妥，大家报复性地消费，经济反而会在灾难之后迎来一波繁荣。

而且前几天李子旸在文章中论证过，人类历史上没出现过因为自然灾害而衰落的城市，如果有，往往是本身的政治和经济出了问题，处于下坡路，被自然灾害给重创了，属于雪上加霜。

很扎心也很暖心的一件事是，越是艰难时候，在大家都恐慌和绝望的时候，有人完成了逆势向上，困难对于他们来说反而是机会。也正印证了之前反复说的那句话，不管你是悲观还是乐观，最终你都是对的。

有读者要问了，这次疫情能让我们学到什么呢？为了家人和自己，是不是应该锻炼起来？因为我们发现了免疫系统才是核心竞争力。还有，是不是应该在家里准备上百个N95口罩、消毒酒精、消炎药、维生素之类的？

承认平庸可能才是进步的第一步

一、均值回归

英国生物学家高尔顿年轻时候一度对"龙生龙,凤生凤,老鼠的儿子会打洞"这一问题产生了很大的兴趣,然后花大量的时间研究这个问题,最后竟然有了很大的成绩。

他研究了两个问题:

第一个问题是,父母如果身高较高,或者比较矮,下一代也这样吗?

另一个问题是,如果父母是高成就,他们的孩子能维持这种高成就吗?

其实这两个问题东西方都有疑惑,但是近代科学精神崛起后，大家面对这类问题不再仅仅满足于前人说的一个结论，然后大家产生分歧的时候互相举反例，而是开始从统计学层面分析是不是真的，或者像伽利略一样抱着俩铁球爬到比萨斜塔上扔下去，看看前人说得对不对。我经常看到不少人因为这个问题吵成一团，但是两方好像不知道这个问题早已经有结论，他们还在那里瞎吵。

高尔顿通过研究发现，与上一代相比，下一代的身高及下一代的成就，都在"均值回归"（图1）。也就是说父母身高非常高，孩子大概率会向正常状态偏移，可能还会比正常人高一些，但是不会像父母那样。孙子辈会进一步向正常值偏移。个人成就也明显呈现出了这个趋势，父母是高成就，孩子高成就的概率是36%，孙子是9%，尽管比正常家庭出高成就孩子的概率高一些，但也呈现出回归常态的特征。这非常像《道德经》所讲的："天之道，损有余而补不足。"这里讲的是自然现象。

其实学过经济学的人应该看出来了，这个曲线和经济学里的价格曲线、股票的价值曲线都非常接近。无论是股票还是鸡蛋价格，长期看来都是围绕着一根主线在波动，这根主线就是股票、鸡蛋的价值。

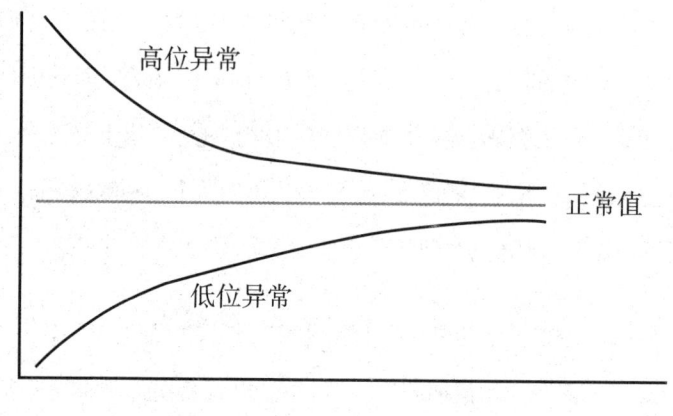

图1 均值回归

对于这种理论，很多人会有疑问，为什么欧美豪门呈现出明显的家族化和传承性等特点，为什么跟这个理论对不上呢？

人类是哺乳动物里比较弱的，但是可以通过工具猎杀鲨鱼虎豹，把火箭送上太空。

这个逻辑推广到其他地方，我们能发现，现实中到处是这种例子，比如我们上文说的高成就人群的下降趋势，如果你是个很有成就的家长，你知道了这个逻辑，你能坐视这个逻辑发挥作用什么都不做吗？看着你家的孩子一代比一代平庸吗？你肯定不会袖手旁观的——欧美豪门很早就发现后代里容易出纨绔子弟，但是当极其聪明的父母发现自己的孩子是个纨绔子弟，或者极其平庸的时候会怎么办呢？一般会通过"慈善"的形式把自家的财富"捐出来"，然后这些财富就跑到自己家的信托和基金去了。

有的豪门则是通过多生孩子多种树的方式来对抗自然规律，尽管现在多生孩子这事难以操作，但是从历史上来看，豪门大姓最关键的一个操作就是多生孩子，择优培育，剩下的各自突围，将来孩子多还可以互相联姻。

之前仇鹿鸣有过研究，他发现司马家在三国后期异军突起的关键操作就是孩子多，活得久。欧美也一样，如果生不出孩子来，就意味着家族完蛋了。例如，那么厉害的美第奇家族，就是因为后期生不出孩子绝嗣了。

欧美几乎所有的家族信托或基金都有个基本条款，就是不准后代随便碰信托或者基金，以防止败家子给败掉了。这些钱重点资助家族里的精英分子，剩下的让他们能够正常生活就行，每个月给他们点生活费。这些财富通过职业经理人来打理，尽管孩子可能是个败家子，但是职业经理人可以选拔。

有的家族则提前向大学捐款，让大学将来给孩子留个位置，尽管有点"才不配位"的感觉，不过毕竟在好大学受下熏陶总比不受熏陶强嘛。

是的，严重偏离基准的变异的人总是要变回到正常值的，之所以有些人回归不明显，是因为他们在玩"道具"——玩过游戏的人有这种体验，当你指挥的那个角色可能本来某些属性就比较强的时候，在游戏里就具备优势。而这些优势，你是可以通过购买的操作实现的。也像《道德经》里说的："人之道，则不然，损不足以奉有余。"这里说的是社会规律。

《道德经》里前几句话总结一下连起来就是："天之道，损有余而补不足；人之道，则不然，损不足以奉有余。"把自然和社会两个层面都说了。

这个世界上绝大部分人都是普通人，剩下不普通的人下一代也会向普通人跌落，之所以跌落不明显，是因为他父母给他充钱买了"道具"。

二、意识到自己是个普通人是多么的幸福

我以前总不愿意承认自己庸俗又正常，为了显得自己比较奇特，甚至经常在想宁愿做一个精神病也不愿意做个普通人。

后来发现很多人都有这种困扰，觉得自己应该是很特别

的，可是深度审视之后发现自己不但普通，而且普通到做什么事情都做得不太好，也不是太坏，完全在68%区间（图2）。可是多数人又不愿意承认，因为觉得承认之后自己活得没有价值。

这里68%是个奇怪的数字，它到底代表了什么呢？其实它代表了普通人在人群中占的比例就是68%，比较优秀的人占的比例是13.6%。

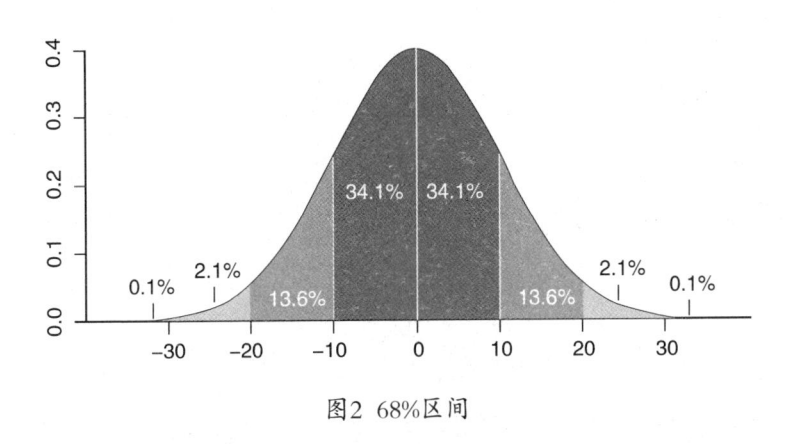

图2 68%区间

很多人的生活状态基本上呈现波粒二象性，在自己觉得自己很厉害和别人基本无视自己这两种状态间切换，随着观察者的变化，自身定位也变来变去，这种现象倒也说不上是特别坏的事情。不过据我观察，很多人一事无成，就是因为自己对自己的定位有问题。

我的一个师兄大学毕业后去做培训了，他们做的是专门针对高考的项目。他们长期研究往年高考的所有真题，统计出那些通过重复的基础训练就能答对的题目的比例。也就是说，他们测算出了你把教科书上的那些题都弄明白了，你能考出多少分。他们也统计出来需要那种特别聪明的才能答对的题目的比例，也就是说，普通人搞不定，只有聪明的、平时多研究难题的人才能答对的题目。当他们总结出来之后，很是让人惊讶——他们发现，如果你真弄明白了教科书上的那些东西，正好能够考上本科。也就是说，一个人能做对教科书上面的任何题目，他就达到本科水平了。如果一个人在这个基础上再进行提升，就有希望考上"211"类的学校了，他们的培训中心主要是干这个活，如果孩子基础扎实，就带着练练不太难的题，效果非常明显。

这也是为什么我同学做假期高考培训项目的时候，总要从教科书里找一堆题目，看看准备参加培训的人的基本功怎么样。如果一个准学员对教科书上的东西一知半解，他们就会把家长拉到一旁，循循善诱地说，要不咱别补课了，你家的孩子需要的是回去多做教科书上的作业……

我同学做了这么些年的高考培训，他深刻地体会到：90%的孩子智商都差不太多，一个孩子能否考好，关键是他在高中的时候是不是一直在做"有效练习",也就是有没有把基础的东西练习足够长的时间。

在读高中的时候,把教科书上的题目练习好,对一个高中学生来说是最需要做的基础功课,但是大部分人踏踏实实地做到了吗?当然没有,那为什么没有做到呢?主要大部分人是狂妄的,认为自己非同凡响,要做就做有难度的事,对最基础的事情不屑一顾。殊不知,这个世界上所有的事都是相互联系的,你掌握不了这些基本的,你就没办法向前走一步,更何况挑战有难度的,你的水平一直就被锁死在基础区。这也是世界上最常见的一个逻辑:人生的路往往是在一个阶段完成所有任务后才能进入下一个阶段,有点像游戏里的角色升级,但是生活的诡异之处就在于,没人告诉你有哪些任务是这个阶段必须完成的,所以很多人一直被锁死在低阶状态,陷入低水平循环。

我在这里举高考的例子,主要是因为大家都经历过,有体验。

很多人理解不了国家为什么那么重视高考,为什么要一考定终身。一方面是公平,所有阶层的孩子都统一装备入场比拼,不存在你家的孩子练了十八般武艺,别人家的孩子开着艾布拉姆斯主战坦克入场。另一方面，高考本身是个"虚拟任务"，通过这次"虚拟任务"的测试，看看你完成得怎么样。如果你连这个"虚拟任务"都完不成，那么就可以初步判断你整体的人生观有问题。没错，确实是你的人生观存在问题，并不是智商存在问题——这个时候可能不止孩子的人生观有问题，往往也意味着家长的人生观出现了问题，最多的问题是很多家长觉得自己的孩子非常优秀、智商超人，以至于要搞跨越式教育才能满足需求，让孩子去做难度很高的题，去参加不必要的培训，反而忽略了基础性的东西，最后得不偿失。

孩子会继承家长的生理基因，长得多少跟家长有点像。此外还继承了家长的社会基因，思考问题的模式也多少有家长思维模式的影子。比如家长觉得自己的娃非常优秀，是一个百年奇才，孩子时间长了自然也有种矛盾的感受，也就是我们上面提到的"波粒二象性"，即一边觉得自己很优秀，可是从成就来看又非常普通。

我以前也讲过，我这辈子最豁然开朗的时刻，就是意识到自己是个普通人。因为我记性不太好，所以要多做笔记；因为我智商一般，所以要笨鸟先飞，不仅先飞，而且要多飞，多重复几次，反而记得更熟；因为我读书不太快，所以要慢慢看，尽管看得慢，但是投入时间量巨大，也能形成规模优势。

当我们认识到人生唯一能依赖的只有多重复、多练习，心里反而踏实了太多——我曾一度很痛苦自己不是天才，不能过目不忘，不过好在我后来发现我不需要那个神技。

三、家长要勇于承认孩子普通

有些人很奇怪，自己其实普通得不能再普通，但是内心深处总觉得自己的孩子应该是基因突变。这种观念有极大的问题，需要及时纠正。

这些年，我见到太多人接受不了自己的孩子是个普通人，导致家庭生活一团糟。我大学同学就是其中一个，他们夫妻俩都是学霸，都是博士，毕业后都直接留在学校工作。他们夫妻俩一度因为孩子的教育问题差点情感破裂，因为他们的孩子学习成绩一般，这让他们一度相互怀疑孩子不是自己亲生的，毕竟自己当初读书的时候没这么笨。后来我这个同学开导别人的时候，才突然明白了：原来我们第一节说的那种"均值回归"发生在他自己身上了。

是的，他们后来意识到自己的孩子并不是笨，只是普通而已，他们之前的痛苦是因为不太能接受自己的孩子只是个普通人。幸好他们很快就想明白这事了。这几年他们调整了思路，慢慢地豁然开朗。现在开始专注培养孩子的基本品格，比如做事认真，有始有终，以及刻意练习。他们不再逼着孩子达成家长自己的目标。这几年他们的孩子有了明显的起色，在班里成绩从排名靠后慢慢成了中等，他们感到由衷的开心。

我同学在微信朋友圈总结了这个道理：之前对小孩期望太高，孩子尽全力也无法达到父母的认同及格线，当孩子试几次之后，就再也不做尝试了。孩子知道自己让父母失望，时间长了越来越郁郁寡欢。父母调低预期后，才能看到孩子的努力，看到他尽管成绩不理想，但是依旧在努力成长，对他多一些发自内心的认同，也会成为他前进的动力。

我这些年有个感触非常深。很多人不够自信，跟父母太强相关。倒也不是父母故意的，父母没有不想让孩子好的，但是意愿好不代表行为是对的。有时候父母把太多的期望施加在孩子身上，完全忽略了孩子的状态，按照自己的想法硬塞给孩子太多，完全忽略了孩子能不能接得住。你让汽车跑得像战斗机那么快，会发生什么状况？

想也不用想，小汽车不是战斗机，它无论如何也表现得不像，而且容易断轴，连汽车的价值也发挥不出来。

四、认识到普通就要放纵吗？

有的读者会反问，我比较平庸，我孩子比较普通，那也不能放任自流啊。我并没有让大家放任自流的意思。我的意思是，要更客观地认识自我。很多人会说认识自我，但是能做到的人并不多，因为大部分人真认识了自我就得承认自己很多方面实在太普通，这实在难以让人接受，所以大家倾向于呼吁别人认识自我。

先认识自己，再根据情况制定战略，不能把拖拉机当战斗机使，但是为什么你把你儿子当奇才看呢？

我有多年跟自己斗争的经历——我有很多问题，比如"急功近利"，比如想"一口吃成胖子"，还有各种不切实际的目标，这些问题的本质都是对自身条件的误判。

大家一定熟悉下面这张有关学习的（图3）图片吧。这是有关提高自己技能的、刻意学习的示意图：

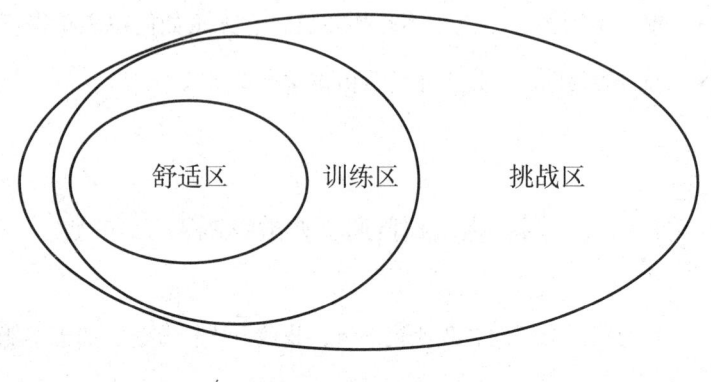

图3 拓展舒适区

如果你想学习什么东西，当你选择学习你已经比较了解的，那么你就是待在舒适区，但是你如果真的想进步、提升自己，你最好的选择就是在稍微比现在懂的东西复杂一点点的地方训练，也就是"训练区"，而不是直接跑到挑战区去，因为挑战区难度实在太大。挑战难度大，你就难免受挫，受挫次数多了，你就难以坚持下去。

绝大部分人学习的时候，总是喜欢直接跳过"训练区"，直奔"挑战区"，这个时候挑战区就成了"自寻烦恼区"或者"自己找不痛快区"，再或者"从入门到放弃"，就像有些人总想像战斗机一样一段加速之后直接起飞，可是忘了自己只是个小汽车，没跑多远爆缸了，完全忽略了小汽车如果正常跑，其实也能跑个几十万公里。

特别厉害的人，一般分为两种类型：

一种是天赋异禀，这种是自身硬属性强。另一种是通过大量练习达到很高的水平。我们见到的有所成就的人，往往都是这种，天赋异禀的人并不是太多。通过大量练习而达到很高水平的人，他们一直在训练区刻意练习，训练的东西总比当前自己知道的要复杂一些，但是他们又能努力通过这些训练，于是自信心越来越强，结果他们的舒适区越来越大，能力越来越强。

一个人做一件事非常厉害，不一定是他多有天分，可能是他在某个领域投入的时间量非常大，所以显得非常熟练，举重若轻。在绝大部分领域，都是在相互拼有效时间的投入量。如果一个人在某一个领域一点一点向外扩张，他的能力圈很快也会达到"挑战区"，之前的"训练区"就变成了"舒适区"，就好像你读初中的时候很吃力，上了高中再去看初中的东西就比较简单一样。成长就是不断把"训练区"变成"舒适区"的过程，起初很有难度的事情，到最后就会举重若轻。但是你一开始就直奔"挑战区"，自然失败得惨不忍睹。

只有正确地认识自己，才有助于采取适合自己的方法论。如果意识到自己是普通人,并且能够接受这一点,日拱一卒,慢慢来,坚持下去。考虑到绝大部分人遇到困难很快就会放弃的缘故,用不了多久,你就是少数几个没出局的人,必定能够取得成绩。这个时候你已经经过了大量练习,见识也比普通人高出几个层次,还会有人认为你平庸吗?

五、客观地认识自己,就能更好地出发

人一生有三次妥协:第一次是意识到父母很普通;第二次是意识到自己也很普通;第三次是意识到自己的孩子原来也很普通。对于绝大部分人来说,这个看法不言而喻是正确的。

普通对我们来说是一种属性,跟你能做成什么事、做成多大的事情关系不大,除非你非要去做职业棋手或者当数学家,这类工作依赖天赋。如果你执意要选择这些职业,没有天赋实在难以完成。其他绝大部分领域,基本都可以通过老老实实的训练达到很高的水平。如果自己一个领域都没有达到较高的水平,真的需要反思下。

最差的一种策略,就是高估自己,高估孩子,反而忽略了那

些本来能做好的事，结果一事无成。

我们应该把目标和过程分开。你眼前有一栋高楼，家里有"道具"的孩子可能坐电梯上去，蜘蛛侠则直接爬了上去。如果你老老实实爬楼梯，花点时间气喘吁吁也能到楼顶，但是你非要选择像蜘蛛侠一样的操作，结果只能是悲剧。

承认自己普通吧，这没有什么不好。当你承认自己普通的时候，才能够选对正确的路。

| 向上生长

你需要在生活中加入不确定性

最近大家都在讨论一个严肃的问题：一个白领三十五岁之后该怎么办？我以前觉得这个问题非常不值得一聊，而且我一直觉得三十五岁只是个时间线，并不意味着什么，直到我自己当上项目经理，公司要求项目经理自己去招聘员工，公司人事经理只负责把关，防止招到学历不够的，也防止有人把亲戚招进来，而且不能招年龄太大的——三十五岁以后的就是年龄大的了。直到这个时候，我突然才意识到那根线并不是凭空出现的。

其实站在招聘者的角度，这个问题几乎不是个问题，因为技术经验发展是有曲线（图4）的，我大概画了下：

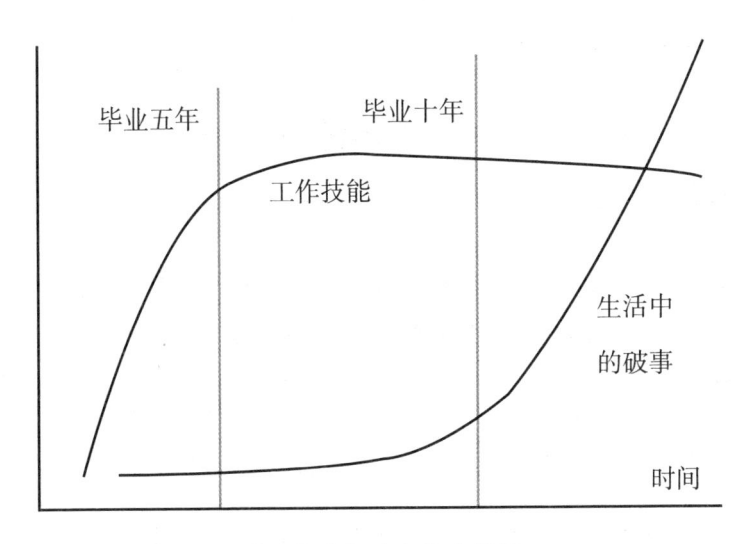

[图：技术经验发展曲线图，显示"毕业五年""毕业十年""工作技能""生活中的破事""时间"等标注]

图4 技术经验发展曲线图

一个人的工作技能将会在其毕业五年之后,也就是二十七岁左右的时候,达到巅峰水平。对于技术出身的职业者,比如码农,工资一般会达到最大值。但是一旦过了这个年龄线,一个人就会迅速出现一种懈怠的状态。

我以前是理解不了懈怠的状态到底是怎么回事,等到我工作了六七年后,再看看周围的人,慢慢就懂了——人们年轻的时候心无旁骛,专心研究技术,经常通宵达旦专研一个小小的技术细节。但是等到了一定年龄,一个人的琐事就会越来越多,今天孩子生病了,明天老人需要去体检,后天开始怀疑人生要去寻找人生的意义，希望多陪孩子、老婆、父母。

人们到了一定的年龄之后，注意力和精力就跟不上了，很多人的身体状态实在太差，自然干什么都有心无力。

我说很多人到了一定年龄就会处于懈怠状态，倒也不一定是他自己不想做事了，而是因为他身边的事太多，导致太过分心，以至于没法再像年轻时候那样集中注意力，也没法像年轻人一样集中火力在工作上。

最关键的一个问题是，年轻的时候觉得技术是神圣的事物，这种感觉会随着年龄慢慢消退，直到有一天，你发现技术本身就是技术，最酷的东西其实是钱。这种心理状态的变化，本身也会导致情绪慢慢地失控。我真没见过几个人在三十五岁之后依旧对技术保持极高热情的。

但是钱有一个特性，你太关注它反而可能赚不到，你要是关心那些能带来钱的东西，它不知不觉地就来了。

什么能带来钱呢？通过长期打磨才能获得的技能，比如码农们就赚这个钱；人和人之间的链接，那些微信公众号和微博的大V就是赚这个钱；一双敏锐的眼睛和强大的内心，比如我以前室友的老乡，辞掉了西二旗的码农工作去回龙观卖串串，一度还不错……

我招聘员工的时候也会考虑一个问题：我招聘个年轻人过来，他有什么问题我可以随便说他，但是招聘一个比我大的大龄青年，他有问题我该怎么说他？当然了，最重要的一点是人才市场资源充足，想找年轻的就能找到。

我经常感叹，我国人力很便宜，中国制造的产品，其中人力成本那一部分占总成本的比例小，这让我国的产品有明显的竞争力。

但是人力充沛，造成的问题也很明显，个体想要工价上去非常困难，因为替代性特别高，这活你不想干，分分钟换别人。这倒是有点像英国当年，宁愿雇用童工，也不雇用童工父母，一家子让孩子养着，简直难以想象。直到英国政府担心国家崩了，才下令禁止雇用童工。由于英国人力太充足，任何一个岗位，在很短时间内就会被抢掉。

每次我看到类似"中国人力成本上涨导致竞争力下降"的新闻标题，心里就五味杂陈，因为作为普通人，最希望的事情就是涨工资，而这种工资的上涨，会毁了竞争力，我们的产品没了竞争力，最终会导致工资下降，真是两难。

这些年，我有个非常不好的感悟，虽然有些让人难以接受：一般的企业如果对员工过度人性化，这种企业往往走不远。走得远的，往往是那种对员工严厉的企业。

我想起一位企业管理者说的话：不要把公司当你家，你家里人可以原谅你各种臭毛病。你是来给公司赚钱的，如果赚不来钱，你对公司就没有价值了，你就可以离开了。

这个时候可能有人反驳说，谷歌不是那样的公司吗？如果你问这种问题，那么你真的需要反思下。全世界有几个谷歌这样的公司？而且谷歌本身有垄断红利依靠，相对人性化。其实美国那边的蓝领们工会多，高科技企业的工会很少，大部分高科技企业加班也很严重。

几年前，有一次跟一个IBM流程管理的专家聊天，他跟我说："现代大企业最关注的是流程，要让企业跟一片热带雨林一样，或者像互联网一样，系统本身具备冗余、弹性，能够自我生长、自我调节，就算企业里管理层失踪了，企业也能运转下去。"这些话总结起来就是一句话：把每个人变成零件，把每项工作都规范化、流程化，缺了谁系统都能迅速调整收敛并且保证继续运行。

这样的流程设计有两个好处：一方面让你更加熟练自己的工作，一个人工作的熟练度是提高产品质量和提升生产效率的关键。另一方面也可以有效防止员工跳槽，工作越单一，在人才市场上就越不好找工作。

一个人成为某项技术专家当然是值得鼓励的事情，但是我们需要了解的是，有些技术运用广度比较大，比如你是安卓方面的专家，在某一个公司工作，将来也可以去其他的公司。但如果你是路由器方面的专家，当你离开那几个大型路由器公司，你必然惨不忍睹。

根据以上的了解，我们就能概括人们到了三十五岁以后为什么难以被很多单位欢迎了：

一、三十五岁以后的人技术能力早就停滞了，或者说毕业五年后技术进步并不明显；

二、激情开始消退；

三、工资非常高，性价比极差；

四、现在的环境能轻松找到可替代的人；

五、绝大部分人没法成为领域不可替代的专家；

六、小公司学不到核心竞争力，大公司不会让你不可或缺。

既然我们知道了人们三十五岁以后工作经常遇到问题，那么有什么解决方案呢？

我以前在微博发了个帖子谈到这个问题，如果一个人到了三十五岁遇到职业危机了，那确实非常难办了，不过现在如果没到三十五岁的话，还是可以提前布局防备的。

很多人从一开始心态就不对，准备给企业奋斗一生，然后让企业养活自己，这种心态很容易一厢情愿，要时时刻刻都记住，企业雇用你就是为了和你交换价值。如果某一天你无法提供价值，那么你就会被企业解雇。

为什么说这事呢？因为我的一个上了年纪的同事被辞退了，他正在发愁接下来怎么办。估计没人给他几十万、一百万的年薪。他的所有技能只有在我们公司才能施展，他的这些技术出去之后真没什么价值。他估计得去创业了，这个社会对上了年纪的打工人士非常不客气。

我的导师是很有远见的一位，他在几年前看到所负责的产品线业绩开始下滑，他从研发转岗到市场。刚去的时候他业绩做得不太好，后来经过调整业绩就上来了。之后，他和其他几个销售人员一起辞职，去做我们厂的代理商了，现在做得还不错。

我导师这个转型比较大，以至于周围的人不理解他。不过他后来跟我说："人吧，都得迈出去那一步，不然总给自己画圈，觉得自己这不能做，那不敢做。其实唯一让人恐惧的是恐惧本身，跳出去一次今后就不怕再跳了。"

我那个被辞退的同事现在还在家里待着。他被辞退后去找了几份工作，结果非常不满意，一方面其他的公司确实是给不了那么高的工资。另一方面他自己也想清楚了，他去上班也只是把现在出现的问题往后推几年而已，迟早还得面对。看样子是想创业，但是还没找到好的项目，可能暂时要去追寻诗和远方。

我们仨以前都是一个产品线的，当时大家都已经注意到船要沉了，因为整个市场几乎都被我们一家公司拿下了。于是我和我的导师果断弃船。当时我还是基层员工，没有心理负担，去了另一个产品线做研发，结果不小心踩对了。这条产品线现在蒸蒸日上，我也跟着大船起起伏伏。

我这个同事当时比我早加入公司几年，当时级别已经很高，尽管注意到船不稳了，但还是挺到了船要沉的这一天，最终被辞退了。

我发现最大的一个问题，三十五岁的人们最大的问题往往就是"船沉"，也就是整个部门被裁撤，产品被淘汰，或者技术过时了。如果不发生这类问题，不被抛到人才市场，也不大会有问题。

在三十五岁以前，你所选的职业最好所需求的技术是具有普适性的、迁移性的特点的，一定要避免你的技术是为某家企业量身定做的；要有职业的危机感，能够看懂行业的趋势。除此以外，我们还要注意哪些方面呢？

首先要好好锻炼身体。这是我写文章的时候经常强调的一件事，在《巨人的陨落》里，美国禁酒令发布后，主人公的岳父非常消沉，因为他们家就是卖酒的黑社会，现在国家不让卖酒了。

主人公很快注意到，这次他岳父太消沉了，岳父本人是一个黑社会大哥的角色，又猛又狠，这次这么消沉明显不对。主人公转念一想明白了，他岳父是因为太肥胖得了高血压，高血压导致动作迟缓，思维消极，碰上事情总是缺乏解决的动力。

这个情节我记得特别清楚，因为我自己也深有体会。以前我体质不行的时候，特别容易疲劳。后来我开始锻炼了，慢慢地精神状态也好起来了，不容易消沉了，遇到什么事情不再那么虚弱不堪，而是敢于面对——绝大部分问题都不再是问题。

这些年每次碰上麻烦事我就记录下来，每次年底复盘的时候，就能发现99%的问题其实自然而然解决了，尽管面对的当时焦躁异常。

如果大家在生活中发现自己睡眠不太好，精神状态也不好，很消极，什么也不想干，这个时候不一定是脑子的问题，可能单纯就是身体虚弱造成的。

我们可以这样理解人的精力和意志力：人的大脑泡在一个大培养皿里，而培养皿就是身体，如果培养皿本身有问题，大脑也会跟着出问题，表现就是各种精神问题、懒惰、焦虑等，什么也不想干。

近代心理学研究最前沿的观点认为，所有心理问题本质都是生理问题，可以通过改造体质来解决。

首先，一个人年轻的时候，一定提前锻炼起来，到了三十五岁才不会产生懈怠的状态。如果你不那么懈怠，可能就不会在三十五岁被抛到人才市场上了，或者如果发生了什么事，也有心力去重新开始。

其次，要主动提前给自己的生活增加不确定性。前段时间有个读者跟我说，他觉得自己周末玩抖音充满了罪恶感，想做业余电影解说。可是他觉得自己形象比较差，不敢上镜头，而且担心视频做得不好丢人。

我跟他说，尽管你可能形象不够好，但是这个不是不去做的借口，你可以不露面，而且刚开始视频肯定做不好，这个不用担心。我认识几个电影博主和哔哩哔哩网站的UP主，都是做了好些年，慢慢地人气越来越高，当然他们加入了自己的特色。

做大众传媒类的东西都得有博主自己的特点在里边，不然几乎不会火。这种个人特色，需要你去慢慢挖掘，不可能一上来就有人看，也不可能刚开始做就火。很多火爆的主播都是费尽心机夜以继日地研究内容、制作内容。你很难不研究、不琢磨，轻轻松松地把自媒体做得火爆。

想做火自己的自媒体，就要"卖弄思维"。当你学会了点赶紧发自媒体上，有了小成果也赶紧发自媒体上去，万一火了呢！

YouTube上有个UP主天天拍他闺女溜达来溜达去竟然火了，微博上某大V养了一只猫一只狗天天拍也拍成了一线网红。

当然了，不是说做了几年自媒体就一定能火起来，最终能做成什么样，一方面取决于个人风格是不是那种长线能吸引人的；另一方面取决于运气。但是一切的前提是你首先得去做某件事。

我以前就在文章里谈过运气的话题，今天再谈一次：一般来说，你做的每件事确定性都很强，在学校时候是好学生，毕业后是好员工，你很少冒险，人生按部就班。这样的话你很容易成为彻彻底底的无神论者，总之不会太迷信。因为拜佛不拜佛对你没什么差别，你也感觉不到有差别。

如果你从事高冒险性质的活动，就会对运气要求很高。比如你打鱼为生，需要出海。或者你跟我一样，业余写文章，就能发现文章能不能阅读量超过十万在很大程度上是随缘的。这样你就会对不确定性充满畏惧，很容易变迷信。

你出海打鱼，某次出海前拜了妈祖顺利归来，有一次没拜差点死在海里，这样的结果很容易让你觉得有"超越个人的能力"，以后每次都去拜。哪次拜了还是碰上风浪，你就开始反思是不是上次不够虔诚。

我的一个朋友在美国做生意，他每次过年都回北京拜雍和宫，最夸张的一次他连夜回来拜完雍和宫然后又回美国见客户去了，因为美国那边还是工作日。他说他近二十年唯一赔了的那年就是没拜的那一年。

很多富有的人相信风水、算命，因为他们从"不确定性"中受益，他们想维持这种状态，几乎无法避免掉进"迷信"这个坑里。

你需要在生活中加入不确定性，运气才能开始出现。运气和奋斗是个人进步的两个轮子，但是绝大部分人都是独轮车。你天天按部就班，运气很难发挥作用。确保不赔钱的前提下，折腾点事，让运气帮你赚钱。

最重要的一点，如果船沉的时候，一定要提前跳船，不要等着跟它一起沉。这个时候很多读者要问了，我怎么知道船要沉了？其实你是知道的，只是不愿意接受。如果你发现了问题，需要的是果断操作，然而绝大部分人心中恐惧，怕面对不确定性，所以一直在等，等着好事自然而然地发生，这种心态需要调整。

再说个我的朋友的事，他鼓舞了我用业余的时间创作微信公众号。几年前我还没开始写微博的时候，我这个朋友辞掉大学的职务去做自媒体，他觉得自己有做自媒体创作的小天赋，所以想出去单干。

我跟他说，别搞了，自媒体已经是红海了。你看看现在有多少微信公众号了？知乎又有多少大V？自媒体的红利期已经过了，你现在去做自媒体纯粹浪费时间。

我对他说这些建议的时候是在五六年前，现在看我提的建议好像也没什么大的问题。让我意外的是，他那个微信公众号的工作室已经有了十几个工作人员。他的业务范围也已经从微信公众号扩展到了抖音之类的，总之他的业务做得非常好。

我朋友做自媒体一年的收入是千万级的，收益来自广告、赞助及粉丝的打赏。

前段时间和我这个朋友一起吃饭，他说以前他跟他媳妇讨论过我说的那些问题，但是他们得出了以下结论：

一、你所选择的项目所在的领域关键不在于红海不红海，其对创业结果影响不大，因为群众事实上不知道自己想要什么，你只要能给大家别人给不了的，大家都愿意支持你。

市场上的很多产品质量都是不及格的，只要有人拿出点真东西来，就能打动大家。另外，他认为我当时的判断不对，他认为现在自媒体仍然是蓝海，并且中国绝大部分行业都是蓝海，中国的产品大部分都是"凑合着用得了""又不是不能用"，将来仍会面临一次产品大升级。

二、你所选的项目没必要依赖暴利，只要有平稳的利润，慢慢积累起来，也会是个非常可观的收入。依赖暴利本身就是一种不成熟的思维。"暴利思维"其实是改革开放初期农民企业家的一种路径依赖病，没必要学习他们。

三、中国的机会才刚刚开始，会持续爆发性发展很多年。现在大家手里有了钱，就愿意去做那些以前喜欢却不能做的事。比如他去美国发现到处都是动漫的周边店，卖钢铁侠头盔的，而中国比较少，也会是个潜在的市场。他考虑在二线城市做起来。

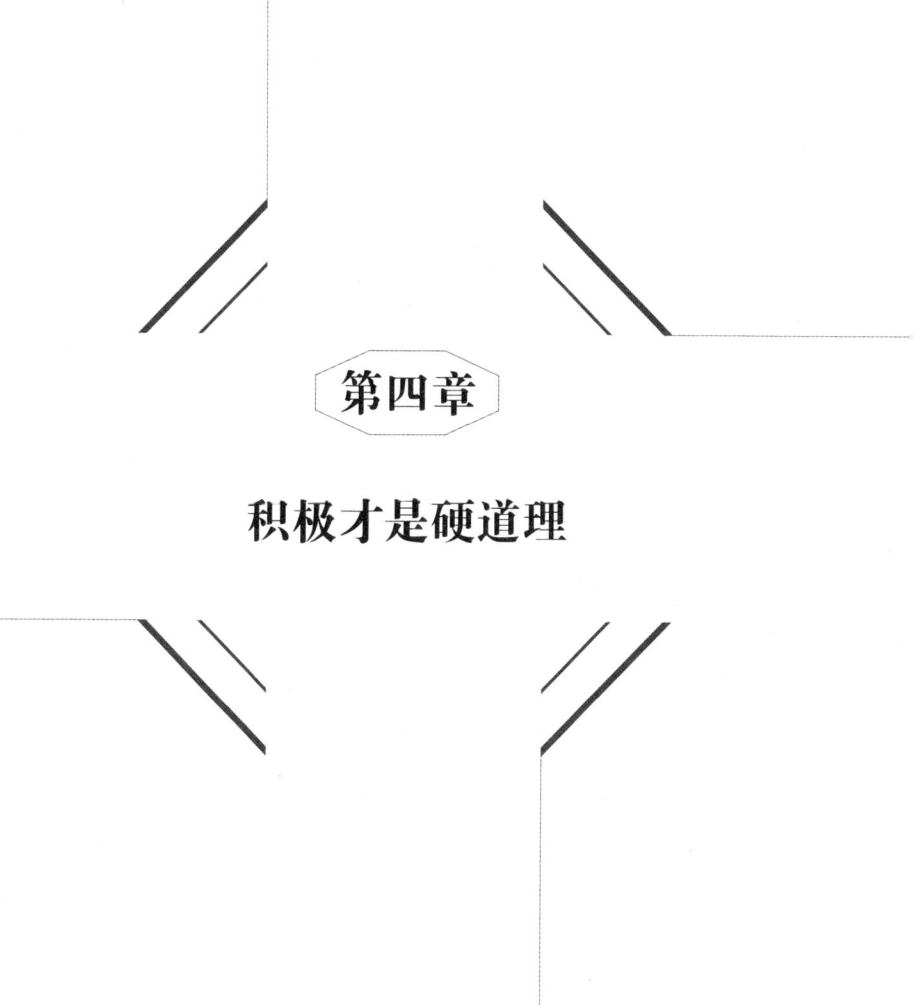

第四章

积极才是硬道理

第四章　积极才是硬道理

如何坚持下去并且成事

一

我年轻的时候特别激进，不管做什么事情，我都想马上就做好，结果可想而知。年龄稍微大点，又陷入了另一个极端，总想做自己觉得舒适的事，跟自己妥协，说服自己不要太冲动，做事越来越依赖以往的经验，越来越消极，偶尔还把这种状态当作成熟。一年过完，除了正常上班，好像没做过几件让自己感觉"今年没白过"的事，因为做过的事，都坚持不了太久，后来想做事情的时候，心里想索性算了，不要太为难自己，反正也为难不出来什么。

不过有几件事，我却坚持了下来，天天做也就没什么特别的感觉，竟然成了习惯，哪天没做心理状态就很不正常。比如我坚持每天看二十分钟的纪录片，每天总看两页书，每天溜达半小时，每天写几百字等。

我的这些习惯都产生了巨大的收益，远远超过了我年轻时候那些激进的举动。所以我忍不住反思，为什么这些事情我能坚持下来，其他的事却坚持不下来？我想了很久，慢慢发现了，其实关键我做的这些事情都在舒适区。

以前我总想摆脱舒适区，去挑战自我，后来发现越挑战越证明自己没能力，除了那种工作上迫不得已要做的事，其他自我挑战基本都以可耻的失败终结，尤其是需要长期坚持的，基本都不了了之了，反倒是一些挑战性不强的事情，我竟然坚持到了现在。

这让我陷入反思，觉得人生真的很纠结，同时我也忍不住思考一个问题，到底什么样的坚持才算是坚持。如果做一件事只能坚持一星期，做的这事再轰轰烈烈，也没什么可炫耀的。

反过来，一件很无足轻重的事，一个人坚持了几年甚至十几年，产生的就是翻天覆地的效果。如果你下定决心做什么事，而且这事全凭你个人的耐心和克制去做，建议把每天的目标定低，以至于你甚至不需要毅力去做。

很多人都知道波比运动，每天做这种运动有助于提升心肺能力，锻炼腿部胳膊腹部肌肉，有助于缓解颈椎病和改善膝盖状态等，简直无往不利。我看了B站的一个视频，里面介绍一个男生通过每天十分钟这种运动，竟然达成了快速减肥的效果。该视频说每天只需要锻炼四分钟，八组，每组八个，总共六十四个。我一看觉得波比运动真的蛮好，应该能够轻松愉快地完成。之后我第一次就做了六十四个，结果非常累。后来我下定决心要坚持做这件事的时候，就留了个心眼。我想如果太难太吃力，大脑会不会拒绝执行呢？所以决心每天只做十个，后来又觉得压力太大，和自己妥协下吧。我改成了每天五个，没想到真坚持下来了。现在我可以一口气做两百个，体质也有了质的变化。当然了，我的目标还是每天五个，细水长流。如果当天状态非常差，就随便做五个，如果状态好就多做几组，如果状态非常好，就做两百个。

我还发现，有的时候，我偶尔状态特别不好，根本不想锻炼，但是当我状态不好的时候，一旦开始练五个波比跳之后，状态就会调整得还不错，接着一口气做几十个波比跳后发现状态竟然好起来了。原来我们根本不了解自己这副躯壳。

这件事尽管微不足道，但是我受到了一点启发，就是不要太跟自己过不去。如果你做的某件事是短期的，那你可以随机处置。如果你做的事情是长期的，那么你定目标的时候一定不要偏离舒适区太远，否则结果大概率是自取其辱的。

如果你不想或者不情愿做什么事，总是给自己找理由，会让你自己非常为难，你很可能会坐在那里一边玩手机一边纠结，一直玩到太晚或者要去干别的什么事，就可以心满意足地不去做了。

如果一件事，哪怕坚持了很多天，但是中间如果连续断开三天，可能这一轮的尝试也就到此为止了。对于培养的长期习惯来说，应该聚焦的是"每天都能顺利去做"，而不是做多少，不要断开，长期就能达到极高的高度。

我们应该都有这种体会，有些事情实在是不想做，但是如果开始做了，就发现比之前想的容易得多，所以这也是为什么我们应该把每天的目标定低一些，这样每天都能轻松地去做这件事。等到每次完成了当天的计划，可能状态也好起来了，因为最大的心理障碍已经克服了，比如你本来准备今天做一个俯卧撑，结果一口气做了五个，做完还不过瘾，又来了十个波比跳。看书也一样，每天配额五页，看完之后如果有其他事就去忙；如果没事就多看会儿，说不定一口气看半本。这样坚持下去，你会发现本来一本书预计三个月读完，结果可能两周就读完了。如果一开始计划一周读完，大概率今年都读不完。

大家都可以试试，如果想做一件事，不要把目标定太高，而是要往低定，要追求每天"从容的开始"，而不是一天取得十天的效果。再强调一遍，制定目标的时候，一定要容易，具体操作的时候，每天把目标先达成了，然后再自由发挥。

二

我们一般习惯性地觉得舒适区不太好，认为我们要离开舒适区，不过我这些年反而有个感触，对大部分人里的一部分人而言，舒适区才是他真正的核心竞争区，做擅长的事，才能达到前所未有的高度。

我之前有个同事，技术一流。后来领导让他去负责管理一个团队，让他突破下自我，结果他做得一塌糊涂，在管理岗位上管得天怒人怨。他现在又回去做技术了，在技术领域搞得风生水起。

后来我们聊天的时候他就反思这件事情，说一个人在自己的能力圈内工作一个小时要顶能力圈之外的100个小时。后来他又说这话不是他说的，好像是查理·芒格说的。

这一点，我也特别有体会，找到那些你做起来状态很好的事，然后在这些领域加大投资，你就能把事情做得风生水起。这也就可以回答很多读者常问的问题：如何在工作之余还能写文章呢？其实根本不需要多投入多少精力就可以写，因为我的舒适区就在这里。我写的文章就算没人看，我也能做到天天写。

我们不是要远离舒适区，而是要去开拓新的舒适区，比如通过锻炼让自己每天都精神饱满等。

此外，我们还要重点理解和使用复利法则。爱因斯坦称它为世界第八大奇迹，但是相信很多人和我一样，很难理解生活中怎样才能让复利法则发挥作用。

这几年我慢慢反应过来了，我们没法像按机器的按钮一样去控制事情。不过我发现不管你做什么事，只要天天做，随着数量的积累，在某个时间点上复利法则突然就出现效果了。

学习编程的人一定有这种感受：一开始模仿别人写，写着写着感觉就来了，完全可以自己写了。当他进入一个高阶状态后，就是下笔如有神了。他自己都不知道自己怎么能这么顺利就写出这么高质量的代码来，实现那种之前自己想都不敢想象的功能。

小时候我看武侠片，发现很多天赋异禀的人偷窥别人功夫的时候，看一眼就记住了别人一大团的复杂套路。我很纳闷他们记性怎么那么好。后来等到我做编程工作的时候才彻底明白了——那种几千行的代码，我看一眼也能写出来，并不是我记性好了，而是积累到了一定程度，就不需要再去尝试记一招一式了，里边大部分的东西都是我知道的，只需要直奔我不懂的那部分就行，或者直接找关键点就可以了。

这就是我理解的复利法则：规模积累到一定程度，就会涌现出完全超乎想象的东西。很多新模式都是依赖规模（知识、财富等）才能做的。

以前有个专业的健身教练跟我沟通过健身的事，他说对于去健身房天天健身的人来说，前三个月都不会有明显的效果，属于筑基过程，每天自己好像很疲劳，但是客观地来说运动量并不大。直到三个月后，你才能一口气做到摇几百次哑铃，做几十个引体向上，这时候才算真正开始健身了。到了第二年的时候，身体已经完全适应了高强度的训练，到那个时候，一次的训练量能顶得上两年前一个月的。这就是复利效应，也就是说规模越大，得到的也就越多。

再说一个例子，最近我多次听到——如果你什么都不干，现在有两种选择，一种是直接给你一百万，另一种是抛一个硬币，猜对了上面是哪个面，就给你一千万。你选哪个？

这个例子是要给大家普及"穷人思维"和"富人思维"，说前者是穷人思维后者是富人思维。

其实这种逻辑完全不通，你想想就知道了，对于一无所有的人来说，确定的一百万无论如何也比不确定的一千万要强太多。但是等到你已经有了一千万，再让你做这个游戏，你可能大概率就选后者了，因为确定性的那一百万对你来说本身也没那么大吸引力，你更愿意去试试手气。有谁会没钱但是选后者吗？也有，赌棍肯定这么选。

所以说，这个游戏更靠谱的说法是"穷人玩法"和"富人玩法"。等钱积累到一定程度，大家就本能地对风险不那么厌恶了，因为输得起嘛。很多玩法对于普通人来说是承受不了的，不是说这个人思维不到位，而是还没到那一步，如果输得起去赌，那就叫投资。如果没有资本硬赌，那就是赌棍。

我们也可以想到复利的另一种体现就是"玩法也有升级"，不仅玩法有升级，道具也有升级，比如你可以找专业人士来帮你玩。

文末，我总结下本文的核心思想：

一、积累总是第一位的，很多新的模式都是积累到一定程度才能解锁，这个是复利的范畴。

二、积累的关键是每天都要做，而不是单次做多少。

三、如果想每天都能去做，最好的办法是目标定低点，这样每次开始的时候心理负担能低点。

四、坚持每天做一件"低目标"的事会让你达到很高的高度。

五、我们知道努力会让生活变美好，如果能找到一个领域，自己在这个领域很舒适，在舒适区努力会让你达到想都不敢想的高度。

|| 向上生长

娱乐到底是怎么致死的

我在一篇文章中说：在欧美等国家，底层从来是很多政府的心病，各国政府的态度就是他们不惹事就行。通常他们一惹事就是大麻烦，只要他们不惹麻烦，政府花点钱也可以。不知道大家有没有关注美国的市长选举。他们的市长竞选的时候，来回就那么几个话题，比如降低犯罪率，要给监狱搞学校，或者多建几座监狱。不过最近几年几乎所有严肃的智库都开出了药方，"游戏比刺刀管用"。你不是精力无处释放嘛，你不就是内心的激情需要到处宣泄嘛——与其让一个人搞恐怖，搞犯罪，危害社会治安，不如把他圈起来玩游戏。这个人在游戏里拿枪突突人，总比在现实里突突人强。于是搞奶头乐①战略，是欧美很多政府的

---
① "奶头乐理论"是由美国前总统国家安全事务助理布热津斯基提出来的理论。为了安慰社会中"被遗弃""情绪不满"的人，避免社会冲突，方法之一就是让一些机构大批量制造"奶头"——让令人沉迷的消遣娱乐和充满感官刺激的

选择。

大家有没有注意到一个问题，如果让一个人坐在沙发上看会儿严肃的书，就跟家里有鬼似的，不管他用什么姿势在看书，看着看着就躺沙发上玩手机去了。一个人在电影院待三个小时，会感觉过得非常快，但是如果让他坚持三个小时看《货币金融学》或《华为崛起》，估计绝大部分人跟我一样，很快就开始陷入自我怀疑，情不自禁拿起手机，刷刷微信朋友圈，看看微博，实在没事干就看看淘宝购物车里的东西降价了与否。

明知道什么对我们有利，什么对我们自己没用，但是依旧没法克制，总想去做那些欢乐却没用的事。玩起来一个顶俩，想做点什么有用的事，却难得很，而且容易陷入自我怀疑，总怀疑自己正在做的事没什么意义，但是刷抖音的时候完全没这个苦恼。

刚毕业的时候，我在航天院认识一个厉害的人，他本身在航天发动机领域就是专家，更关键的是他对经济、历史、金融等其他领域也理解得非常深刻。另外，他对炒股和炒黄金非常有研究，平时他会写股评。他基本是手不释卷。我们一起去海外出差

（接上页）产品（比如：网络、电视和游戏）填满人们的生活、转移其注意力和不满情绪，令这些人沉浸在"快乐"中不知不觉丧失对现实问题的思考能力。

的时候，我在飞机上追完了整个一季的《嗜血法医》；他看了一路书，还写了两篇文章。他一下飞机就投了稿，等到了酒店的时候，采用稿件的一方已经把钱打过来了。

我当时就问他，是不是看书和写作对于他来说像呼吸一样轻松。他说，比吃蟑螂都恶心，不过他爹从小就教育他要经常去做那些吃蟑螂的事，慢慢就习惯了，时间长了就可以获得一定的社会优势，这种优势又是逐步累加和扩大的。套路可以扩散，技能可以学习，唯独这种长时间大跨度的积累没法快速掌握。

我当时就问他，为什么我感觉自己比较忙，没时间呢？

他教了我一个办法，找张纸，不管干什么都写下来，记下起始时间，看看一天都忙了些什么。后来我按照他说的方法去做，做完之后我就再也没有脸面说自己忙了。大家有兴趣也可以试试，看看时间都去哪了。

我后来也看到一篇文章说，90%说自己忙的人，都是装忙，剩下10%是瞎忙，真忙的没几个，你又不是企业家，你忙啥？

这事我想了很多年，以前我做事总感觉很痛苦，觉得自己没什么天分，放弃算了，很多事就这样不了了之了。那件事之后我重新认识了"天赋",开始认识到绝大部分事情并不需要天赋,投入时间多,就能做得好,做得越好,就越愿意投入更多时间。

我也不太认可"兴趣"这个说法,因为每个人的兴趣都差不多,吃喝玩乐呗。要做自己感兴趣的事,这句话本身问题很大,如果大家跟我一样,感兴趣的事都是些低俗和无聊的事,除了低俗的和无聊的,都不太想干,那怎么办?什么都不干了?

我观察到厉害的人之所以厉害,基本都是主动在找虐,就跟每一个"社会人"一样,去做那些有用但是让人不太爽的事。如果把这个观念反过来,就是堕落之路,什么时候都随心所欲,去做那些内心深处喜欢的事,而这类事都没什么用,时间就这样溜走了,什么也没留下。

我倒也不敢说大家喜欢的事都没什么用,不过敢说绝大部分人喜欢的事,都不太有用。

一个人玩游戏的时候一整晚就那样很快就过去了,但是让他看本严肃的书,半个小时都坚持不了。说白了,我们的大脑有种堕落的天赋,大脑不喜欢信息,接受额外的信息让它非常疲劳。我们经常说的好奇心和求知欲,似乎是人类独有的特点,其实是小部分人的特点,大部分人并不是这样。因为我们人类是长着一

159

颗古人的脑袋在过现代生活。

人类经历了漫长的上百万年缓慢的发展,现代文明满打满算才两百年,也就是我们的脑袋一直停留在古代,但是身体进入了现代。

现代有什么好处?最大的好处就是人类那些基本需求在一个可靠的国家都能完全满足。

比如人类天生喜欢甜。不过跟大家想的不一样,整个人类古代一直非常缺乏甜味剂,在古代,无论东西方,糖都是贵族的玩意儿。后来西班牙人在美洲发现了甘蔗,然后赶着几百万黑奴去种甘蔗,欧洲才开始不缺糖,从那以后就疯狂吃甜食。大家可以去尝尝欧洲那些比较有特色的糖果,味道其实都差不多,都非常甜,因为以前贵族们互相攀比,谁家有钱谁家的糖果就更甜一些。

进入21世纪之后,这个问题在东西方都解决了,食糖价格一降再降,到现在已经基本上做到了无限制供应。

你喜欢糖是吧,那么你尽管吃好了,生产商把所有饮食里的糖含量都提到一个人类最喜欢的程度,占到食物质量的10%左右，可是这很容易让人吃出来一堆健康问题。如果你去过美国，第一印象基本上都是大街上一堆连路都不会走的胖人。美国很多车都有坡道，就是为了让巨胖的人坐着电动轮椅滑上去。

除了糖让人上瘾，还有游戏让人上瘾。游戏对社会整体的影响越来越大，这也是不争的事实，它和我们熟知的那些娱乐节目一样。每个游戏本身也是被精心设计过的，游戏的细节都是按照可以拨弄人的大脑里那个控制舒爽的区域设计的。基本都按照如下三个原则来设计游戏：快速、间歇、不断变换情感类型。

设计巧妙的游戏要做到每隔一两分钟来一波刺激，就跟吸毒似的，先打一针，爽过之后歇一会儿，然后再来一波。我的大学同学玩《孤岛危机》最长时间玩了两天两夜，他在某次玩游戏中低血糖晕过去了，现场围观的群众没人知道怎么抢救，差点闹出人命。

一般的娱乐节目，比如综艺、小品、相声什么的，都是按照这个逻辑设计的，跟游戏的设计原理类似。大家在那里看的时候感觉非常爽，其实背后也是导演、演员等把各种元素融合到节目里，最终的目的是让你爽，每隔几分钟爽一下，爽过之后还有期待。

人们常说，"抖音五分钟，人间两小时"。那些抖音爆款小视频，也是抖音里的"导演们"反复折腾出来的。

大家如果经常看各种选秀、家庭纷争等娱乐节目，慢慢地就会发现这些节目的套路都差不多，因为能触发人类欢乐的元素就那么多。新模式的节目开发起来非常慢，大部分这类节目都是我们从欧美或者韩国引进的，远远赶不上大家的消费需求。

古代的时候，大家的日子是很枯燥的，一年到底，只有一两次娱乐的机会，就连皇宫里也做不到天天唱戏。现在不一样了，只要你愿意，完全可以做到比古代皇帝都滋润。天天各种欢乐，上午玩PS4[1]，下午玩XBOX[2]，晚上看电影，凌晨还有其他娱乐套餐。一个人即使天天玩，一年也可以玩得不重样。一个合格的日本游戏宅男完全可以做到一辈子不谈恋爱，快快乐乐地断子绝孙。

当然了，我并不认为游戏本身有什么问题，大学毕业前，我一直有游戏瘾，直到最近这几年才玩得少了。不过凡事有度，如果一个人花大量时间玩游戏，就容易对其自身造成巨大的伤害，

---

① PS4即PlayStation 4，是索尼电脑娱乐公司推出的家用游戏机。
② XBOX是微软发售的家用游戏机。

因为游戏不仅让人浪费时间，而且会腐蚀人脑中的奖励系统。

之前有个很著名的实验，给老鼠脑子里连了个电极，它只要去踩踏一个踏板，就会刺激自己的奖励中枢，它就能爽一下。后来老鼠发现这个欢乐源泉之后，一直去踩，连饭都顾不上吃，后来饿死了。

人脑里边也有一个奖励系统，让你在做了一些事情之后爽一下，借此提高生存率，比如人类喜欢甜，吃到甜食之后就会触发奖励系统，让人经常性地去追求甜味食物。

再如男性普遍喜欢杀戮，因为万年进化中早就淘汰了那些厌恶杀戮的基因，热爱杀戮的原始人才有竞争优势，这个本性被现代社会给压制了，因为砍人犯法嘛，但是在游戏里能肆意放纵——很多人像老鼠踩踏板一样，通过娱乐节目和各种游戏一直踩，他们倒也不会被饿死，但是踩的时间长了，其他欢乐源明显难以让人欢乐了。这就类似人体的抗药性吧，就像经常喝咖啡的人对可乐等低咖啡因饮料基本没什么反应，也像经常吸毒的人剂量越来越大才能维持快乐一样。

在强刺激环境中久了，一个人看一本书的欢乐，远远不如去游戏里开几枪。那些原本就很闹心的东西，比如学习、考试、上班，现在变得让人更痛苦了。

这些现象对个体可能不太明显，但是放在群体层面来观察就非常明显。国外有专门的对比实验，在实验中发现，长期迷恋游戏的人在长期任务中表现得非常差。

网络上有段时间热议一个话题：国家好像要把游戏成瘾列为精神病。网上基本没人认可这一点，很多人义正词严，玩会儿游戏怎么了？他们好像没看到这里说的是"游戏成瘾"，就是那种脑子里成天只想着游戏，除了游戏没法在现实社会中正常生活，一天二十四个小时，除了睡着就在玩游戏，学业、工作完全被抛到脑后的人。这不是精神病是什么？是不是得治疗？

当然了，我说这么多不是说玩游戏不好，我自己最快乐的经历有一半是在游戏中度过的。我反对的是沉迷，沉迷游戏或者各类娱乐活动，其实跟沉迷毒品差别并不大，更可怕的是这种沉迷还是合法的。

毒品的作用原理是通过药物让大脑兴奋，产生愉悦感。现代游戏和娱乐节目是通过视觉听觉来做到这一点。如果一个人长期沉浸其中不能自拔，可能是新时代最酷最隐形的一种死法，让你快快乐乐、不知不觉地变成废人，慢慢地，没法长时间集中注意力，一干枯燥的事就疲劳、暴躁。

人民大学对"饭圈①"研究得很深，他们发布过一篇博士论文，这篇文章中提出饭圈有两类：

第一类是那种愿意花大价钱去看偶像演唱会，买偶像周边的东西，让偶像商业价值不断增高的粉丝。这种比较少，但是非常关键，这种叫饭圈发电机；

第二类就是平时也非常狂热，但是不大花钱，主要是贡献"注意力"，就是偶像的所有东西他（她）都会看，提高偶像曝光率、点击率，间接增加偶像的商业价值，这种人叫饭圈干电池。

这些年的娱乐趋势，就是让有钱人出钱，没钱人贡献注意力，玩家的时间就是新货币。

以前的教育模式和理念是希望每一个人都成才，这种想法本身是好的，但理性想想就知道是不现实的，社会是金字塔形的，能出人头地的就那么多。以前的模式成本高收益低，很多人还不满意，因为你把每个人都朝着重点大学方向培养，后来只有不到

---

① 饭圈：粉丝群体叫"饭"，他们组成的圈子叫"饭圈""饭团"。

5%的人上了重点大学，其他人怎么没意见？

这些年，我们的教育明显在搞"分流"，类似德国模式或者美国模式，让大家提前认识到自身定位，提前进入角色，没必要每个人都上大学，也没必要每个人都出人头地，成本低而且务实。

在这种背景下，"提前分流"会变得非常明显，毕竟父母之间的水平就差了一大截，很多父母自己都不知道什么是对的什么是错的，怎么教育小孩，更别说财富上的不平等更加要命一些，此外还有社会关系，有成长起点，差异是全方位的。

不过正如治病的第一步是承认有病，进步的第一步是认清形势一样。

教育和自我教育本身是个复杂的话题，我也没有太多发言权，不过也略微有了一些感触和心得，跟大家分享出来。总之，有些事情明显是对的，不需要太多说教也要坚持去做，比如勤奋，比如积极主动，比如多笑少抱怨。

为什么"丧尸文化"越来越严重

一

有读者给我讲,你写了资本主义和消费主义,顺便把"丧尸文化"也分析下吧。这里说的"丧尸文化",不是大家看的那种丧尸片,而是指越来越多的人活成了丧尸的样子。那第一个问题就来了,受丧尸文化影响的人是什么样子的呢?

受丧尸文化影响的人只接受基础的刺激,越来越多的人生活的重心只有玩游戏,犹如僵尸只爱吃脑子。

受丧尸文化影响的人生活没有高级目标,只有基本需求,一时刺激一时爽,一直刺激一直爽。他们深陷电子鸦片,日夜沉浸其中。

最关键的一点，受丧尸文化影响的人即使生活得很落魄，他们也无意变更好，甚至都不去想这事。

如果追溯起源，丧尸文化最早并不是发源于亚洲，最早是出现在欧洲，然后是出现在美国，之后进入了日本，最近几年出现在我国，现在已经小有规模，不出意外，将会"吃"掉很多人的脑子，然后变成比较有影响力的亚文化。

看到这个发展路径，大家也就感受到了，这种现象明显跟"社会成熟度"有关系，也就是说，社会越稳定，僵尸文化越繁荣。

是不是也可以断言，只要社会稳定了，"不求进取"而且"安于现状"的丧文化就是主流？是不是可以进一步断言，在历史上的大部分时候，大家都挺丧？很明显，越稳定的社会，就越多的人越"不思进取"，正如我们似乎很反感阶层固化，但无论是回顾历史，还是横向对比国外发达国家的情况，都明显呈现出了这样一种情况：社会在稳定之后慢慢就会出现阶级固化，社会阶级固化下来之后，绝大部分人自然也就踏实了，也就不去想那些遥不可及的东西了。就好像小时候想当飞行员，想当科学家,想当将军,越成长越无奈地发现这个目标都太过离谱,从而接受了现实,还是想点能实现的。对于大部分人来说,目标一再调整,慢慢就调整到没目标,过一天算一天了。在这个过程中,其中的一部分人,在这个基础上更进一步,变成了有僵尸文化特征的人。他们不但过一天算一天,而且变本加厉,怎么舒服怎么来。那么问题来了,为什么会出现这种情况呢?

我上初中的时候,我们老师跟我们讲,一个人在村里碰到一个放羊的小孩,小孩说他的生活就是放羊,生孩子,孩子长大后继续放羊。

我们当时觉得这个小孩太惨了,不过当时哪能理解,这种状态不只是发生在村里,而是遍布全世界。全世界都是这样过的,平淡而枯燥,年复一年。那种急剧变化的生活,不是战乱国家,就是战乱之后重建的国家。

我们要明白,那种放羊、生娃、再放羊模式才是真主流,也就是说,不求上进才是跨文明的核心文化。力争上游终生奋斗的,永远都是少数人,属于非主流。那既然不求上进是主流行为,自然要有配套文化,也就是我们说的丧尸文化,只不过有些人感染得多,有人感染得少。

说到这里大家应该也都看出来了,我并不是想在文章中对这种人生态度进行批驳,我们只是分析下起因,顺便看看不愿意沾染这种文化的人中毒后怎样解毒。

二

首先我们要解释第一个问题,为什么大部分人慢慢就停止了努力。

咱们做个心理游戏。大家都讨厌看电影被剧透,剧透使人兴趣索然,对于大部分电影来说,知道了结局看起来就没什么意思了。过日子也一样,最烦的事情无疑是知道了接下来怎么发展,那就使人对生活充满了乏味感。而成熟型社会最大的问题就是一眼能看到头。

如果说生活像电影或者游戏,可是刚开始玩就知道了这个剧情的结局,让人有种莫名的乏味感。现在的社会又跟以前不一样,以前大家只知道自己周围的事,现在倒好,整个社会越来越透明,不但告诉你你的人生路将会是什么样的,而且告诉你跟你不是一条轨道上的人的生活是什么样的,还要告诉你如果想跨越轨道有多难。

这里的难往往都是"硬性难题",比如很多岗位要求本科,还有很多岗位硬性要求"985"毕业。这还不是最难的,最难的是很多真正赚钱的行业都有硬性门槛,比如"相关工作经历",或者"资金积累到一定规模",更有甚者,需要熟人引荐,才能参与游戏,这就直接把一大堆人直接排除到游戏之外了,你想参与都没机会。

三

大家一般都向往生在发达国家,我经常国内、外跑,整体而言,国内跟国外这些年的差距正在以肉眼可见的速度缩小。用不了多少年,大家就可以过上西方发达国家的生活了,可能会差一些,毕竟中国人多土地少,可能走哪儿都比较挤。

慕尼黑是德国南部的第一大城市、全国第三大城市,我不久前在慕尼黑坐火车的时候,惊讶地发现他们的火车站还没我们地级市的火车站大,竟然也够用了,可见欧美的拥挤程度远远低于东亚,不过坏处是他们没法享受集中的好处,比如快递和外卖。

不过，需要注意的一点是，大家在电视上看到的西方国家，往往是西方中产家庭，很少有人关注非中产是什么样的。发达国家也有下层，而且下层要惨得多。以前冷战的时候，西方为了对抗苏联，需要拉拢他们的中产阶级。苏联解散后，西方没有这种需求了，于是大规模向海外转移产业，所以西方的中产家庭整体规模是萎缩的，中产少了，多出来的是有钱人吗？当然不是了，是穷人，是下层，专业说法叫"中产坠落"。

美国和日本下层更是叫天天不应，因为几乎所有的通道全被堵死了。想成为厉害的人就得像蜘蛛侠一样搞变异，或者变异成高智商天才；或者变异成身高两米的人，将来去打篮球；或者壮得跟北美野牛一样，将来去玩橄榄球，靠体育上大学。最后的一招就是去当明星。在美国，多数人的梦想就是当篮球明星或者电影明星。

欧美的名牌私立大学基本上把一半名额直接给了之前在名校上过大学的人的孩子，这也不是什么奇怪的事，欧美有个好处是把所有事都拿到台面上来，他们并不觉得这事有什么不正常，因为学校从来都没说要按照成绩录取，而是采取一种复杂的综合裁定，这也是为什么华人经常分数很高却只能去读那些美国人不大愿意读的专业，结果造成热门专业华人非常少。

第四章 积极才是硬道理

美国的公共产品是跟税收挂钩的，也就是说，你们小区的治安好不好，学校好不好，都会体现在房价上。房价高，房产税高，学校才能雇用好老师，学校质量才会好，升学率才能高。

那么，如果一个美国人买不起好房子，是不是就被坑了？不能说100%被坑了，因为我也没跑遍美国所有州，不过大概率被坑了是没错的，但是也有例外，比如万一有的人基因变异了呢，像蜘蛛侠一样，那么他就不需要好学校。美国人都喜欢蜘蛛侠，尤其是现在的小蜘蛛侠，因为他不但基因变异了，而且遇上了钢铁侠爸爸，捞了他一把，这也体现了美国人对阶层跃迁的朴素的渴望。

我们通过看美剧也能感受到，美国人整体非常分裂，上层阶级是世界上顶尖的，剩下的都是一群伪科学。我记得以前看过一篇文章，里面讲到美国有一亿人不相信进化论，绝大部分人对知识充满鄙视，被商业广告把脑子洗坏了。比如《生活大爆炸》里，普林斯顿博士娶了一个半文盲，大家都觉得博士赚了。

在美国，一个人如果没考上大学，可以去当卡车司机，可以去工厂，但是竞争异常激烈，具体可以看看《美国工厂》，它能让你感受到美国基层工人阶级的生活状态。

有些人没有选择性地崇美，我也喜欢美国，但是要批判性地喜欢，没必要把他们的消极事物都喜欢了，比如美国人整体反智这件事，绝对值得我们鄙夷。

四

很多人都了解电影《美国队长》里的美国队长吧，有些人喜欢，有些人讨厌，像个老干部，满嘴大词，充满自我牺牲精神，而且充满战斗力，在任何困难面前都是冲锋陷阵的人。他其实代表的就是"二战"时代的美国人，有责任心，有担当，崇尚爱情，不惧牺牲，既有集体主义的光辉，又充满自由主义的理想，总想做点什么，要求进步，希望为大众服务。

美国队长和钢铁侠的父亲一样，都是属于国运上升期的人，奋斗一生。而接下来的人就是钢铁侠，婴儿潮人，花花公子，小流氓，嬉皮士之类的人。如果没被拖去阿富汗山区接受恐怖分子的"洗礼"，一辈子估计也就那样了，影射的就是美国在国力达到巅峰后迅速失去了理想，仗也不想打，成天就想着男女之间的卿卿我我。当然了，美国毕竟是个传统新教国家，不能太过分，接受"洗礼"后回来的钢铁侠基本改掉了除了贫嘴以外的所有恶习。

钢铁侠在阿富汗山区里完成蜕变，变成了调皮版本的美国队长，他代表的那代人却没有蜕变，也正是在那代人中，丧尸文化慢慢开始崛起。

随后冷战结束，新一代出生的人在无忧无虑中成长起来，丧失了饥饿感，没有生存压力，不用担心核弹从天而降，也不用担心饿死，而且对于不少人来说，上升通道又被堵死，这辈子奋斗不奋斗都差不多，于是慢慢就向那个"丧尸通道"靠过去了。

美国人刚开始发展的时候就是种地，种完地回家祷告，过着清苦的生活，积累了巨大的优势，然后开始工业建设。工业之路也是苦难之路，那些年美国跟过山车似的，在萧条和繁荣之间倒腾。

美国崛起的基因就是在那两百年中形成的，通过节俭积累，通过冒险获取，而且自我承担责任。

再看看现在的美国，上层进化出来了极其复杂的玩法，他们通过制定规则来赚取丰厚的利润，中层其实跟我国中层差不多，也是以家庭为中心，教育孩子，只是他们不管自己的老人。底层现在饿不死，开始输出各种垃圾文化，倒也不是他们故意要输出，而是这些东西流动性好，比如把天天醉生梦死说成是享受当下，把不积蓄甚至超前消费说成是洒脱……

当然了，在国内，有些居心叵测的人接收了这些垃圾文化，并把他们包装以后呈现给大家。比如把美国某些群体那种不好好学习、不负责任、不抚养孩子的特性包装成欧美主流文化往国内灌输，让人误以为欧美发达原来是因为这些。

五

具有丧尸文化特征的人和我国比例比较大的焦虑型的人群正好是两个极端，我画了个正态分布图（图5）：

越发达的国家，具有丧尸文化特征的人比例就越高，他们还要对外输出这种垃圾思想，主要是因为他们有财富，有些人觉得富有的国家做什么都是对的，甚至觉得发达国家的垃圾桶都显得很有韵味，感觉垃圾桶里的东西也不那么垃圾了。前不久人们热议西方的"贵族"，其实贵族就是被西方扫入垃圾桶的东西，有些国人还把它视为宝贝。

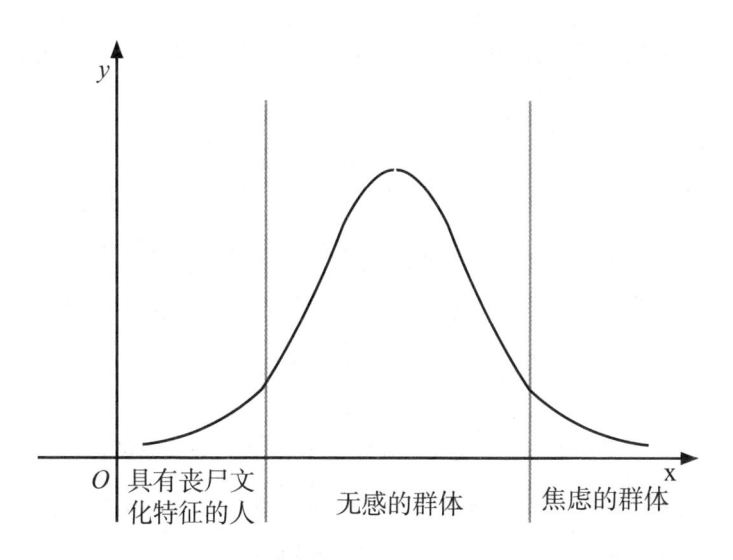

图5 不同文化特征的群体

中间的无感的群体，就是随时可以向两边滑落的潜在用户，如果你比较上进而且充满责任心，就很容易焦虑，反之很容易成为具有丧尸文化特征的人。

从图中我们能看出来，焦虑其实不是坏事，说明你积极进取，并且在寻找出路。

有些具备了丧尸文化的特质的人还乐在其中，这是很可怕的现象。也有具有丧尸文化特征的人充满负罪感，没法开开心心、踏踏实实地做个"丧尸"。他们想改变，却又不知道怎么解决。

我也有过这种体验，因此对如何解决这种问题，我还是有一些心得的。

其实身上具备丧尸文化特质的人，大部分都是懒的缘故。今天的懒不仅是每天不想干活的那种懒，更是怕这怕那，今天怕大环境要崩溃，明天怕不确定性，而且生活过得很舒服，没有危机感。

几年前我也一度懈怠了，后来公司开始大规模裁员，而且说以后每年都会裁员。等我当上部门领导后，他们又说专门裁领导。我就再也坐不住了，每天都在想要是被裁了我该怎么办，每日都充满了各种各样的担心，慢慢就习惯了这种担心。

我现在越来越有种体验，绝大部分人不行真的是因为个体差异，宏观环境会影响每一个人，但只伤害真正虚弱不堪的人，大部分不行的人往往是没有尝试过，没有努力。

我有个远方亲戚几年前来了北京，以前在家跟着建筑队里搬砖。他觉得没前途所以去送快递，后来又送外卖，每天从八点送到晚上十一点半（晚上赚的要多一些），全年不间歇地工作。在这种超负荷的努力之下，他很快就买了个金杯，在北京五环那里开了个搬家公司。

经过努力，他的公司现在已经有了三辆金杯，五个员工，每天忙得喘不过气来。他在老家县城里还开了个快递站。他的收入已经超过知名互联网公司的项目经理了。

我每次看到在微信公众号和微博上职业唱衰的人就嗤之以鼻，再看看评论区那些怨恨者，天天说一些负面的话，简直无药可救。

每次困难和危机来了，从来都是灭一批，重新起来一批，消灭的是那种脆弱不堪的人，起来的全是新强人，真巨头会变得越来越大。不管机遇来了，还是危机来了，基本跟懒惰的人没什么关系，他们永远都是一群围观者，只是会在边上看热闹的人而已。

我们一定要留意语言的力量，话一出口，最先听到的是你自己。不管一个人说了什么话，说的次数多了，首先被说服的就是他自己。如果一个人经常说一些很泄气的话，慢慢地他就变得很泄气了。另外，我们要有个常识，危机来了并不是谁的财富规模大伤害谁，而是谁脆弱伤害谁。

如果觉得越来越丧，想改变这种状态就赶紧动起来，首先要有危机意识，去冒点能承受的险，赶紧动手，让自己宁可滑向焦虑的那一头，也不能做丧尸。其次，要明白宏观形势跟你的关系并不是特别大。

很多成事的人，都是一开始不小心接触到某些项目之后开始做的，没想到竟然慢慢做起来了。反而是计划好然后投入巨资开始要做的事，往往因为前期投入太大，没等盈利就把血流尽了。最好做低试错成本的事，要多做而且早做。

总之不要怕，想去做什么就去干，动起来，是跟僵尸、病毒斗争的最好办法，焦虑点也没什么。再过一些年，大家就会发现现在真是动手的好时候，种下一棵树，最好是三十年前，其次是现在。

第五章

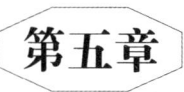

年轻的时候,我们该如何选择

不要偷懒，也不要耍机灵

总是希望能够把自己经历过的一些事分享出来，把走过的弯路告诉后边的人。有些痛苦和迷茫，你自己回过头来觉得很珍贵，其实只是你自己不愿意承认那些苦都白受了而已。

先说下我自己。小时候，我有严重的小儿多动症，后来考进了"985"。毕业后先去了一家国企科研单位，后来去了一家世界500强的公司，一直干到现在。

我从大学开始接触编程，到现在正好是十年，中间断过，后来又继续从事编程工作。

做任何事情，最关键的是先入门，从事编程工作也是一样，那么做编程到底到了哪个地步才算入门呢？所谓的入门，是你进了一家公司，然后开始给人家干活，并且能够提供合格的交付件，这就算入门了。我的目的是在你一行代码还没写的时候，给你一些建议。

不管在任何企业，厉害的人应该是主动地帮企业改进流程，给企业降低成本，提高效率，当然要实现这个目标非常难。最高的境界就是你改进了流程，企业终于不需要你了，把你开了，当然这是开玩笑的话。任何能做到提高整体效率、降低成本的人，都是企业的宝贵资产，做程序员也一样。因为我是做程序员的，所以，我就写写如何做程序。我想我写程序的心得，不管从事什么职业和行业，都会有价值的。

我们分成几个话题来讨论：

一、做程序员如何入门

如果你一行代码都没写过就想当程序员，我觉得你勇气可嘉，不过也可以试试，其实思路是一样的，就是使劲地敲代码。你可以搞个编译工具，找一本程序的入门书。学习C语言可以选择谭浩强的书，学习JAVA可以选《疯狂JAVA讲义》，千万别碰什么《JAVA编程思想》之类，写代码不需要思想。你可以把上边的每一个例子都敲一遍，然后运行一遍，千万不要偷懒，也不要耍机灵，一个例子都别落下，而且必须是全部运行通过了。当你把一本书上的例子和习题全部运行完了，这本编程书30%的知识就是你自己的了。

然后，你需要继续敲代码，不要去做那种复杂的算法题，先把基本的东西做熟练，直到你翻开任何一页，给你指一下，你不看人家原来写的是什么，直接把那段代码自己敲出来，这本书就是你的了。如果做到这一步，这门语言的道路上，你已经行走了50%了。

然后，你需要继续敲代码，找点稍微复杂点的算法题，但是别找太复杂的。如果你的资质和我一样平庸，就先多找些习题，千万别搞大跃进，一道一道地做，至于定什么具体目标，大概如下：

1. 菜鸟级的程序员，累计敲了一万行的代码，能够不看书编码了；

2. 能够给公司干活的程序员，累计敲了五万行的代码，但是写代码的速度比较慢，调试的时候也比较慢；

3. 老手级的程序员，累计写了五十万行的代码，写起代码疯了似的，半天就可以写两千行，五遍以内运行通过的人。

你可能觉得我在乱说，其实并不是。比如，怎么筛选出优秀的飞行员呢？就是要看这个驾驶员安全驾驶了一千个小时还是一万个小时。

跑步圈讨论今年的训练水平，就按照跑了多少公里衡量。程序员编码也是有硬指标的，硬指标达不到，你就没办法建立那种神经元之间的硬链接，也就没法做到收放自如。不要迷茫，不要郁闷，还没写够五万行，你找不到如何编码的感觉是正常的，就像你初中之前写出来的作文跟智障写的似的。多练，总错不了。

我大学老师和我一样，都是平常人，但是他成就很高，他像一个布尔什维克一样要求自己。他每天写代码，写文章，每天工作十二个小时，每天也跑步一个小时。他说其实编码和写文章这俩事是一回事，你得不断地写，才会有感觉，才不会出错。你写得少，没法下笔成章，写出来的东西别人读起来困难，你自己的想法也传达不出去。不信的话，你自己试试，写一段话或者一篇文字。如果好几年不写，你就能感受到再写东西有多别扭。

编码也一样，当你达不到累计编码五万行这个硬指标的时候，你是难以做得娴熟的。当你进了公司，上司让你写个程序，实现个小功能，你立刻就虚了。就跟让你写一篇小短文似的，根本传达不出来你想表达的。但是如果你像我这样笨鸟多练，最起码可以写出很长的有价值的文字。

最后聊一句关于编码的语言。有人问，我是先学C语言呢还是JAVA呢？还是Python？我推荐JAVA，因为JAVA应用范围广，学了它以后容易找工作，先学了JAVA，以后转写Android或者Python也容易。那学习C语言呢？我不太推荐C语言，因为用得比较少。

至于算法结构，我不太建议学。因为当你进了公司，基本上你这辈子都不用自己实现一个双链表。如果你说你要去个高级公司，要去写库函数，那就需要你自己去专研或者请教更厉害的人。

二、关于数学

有人问，我数学不好，能当码农吗？这个我思考了很久，我认为是没问题的。但不确定，万一是我自己的认识有局限呢。后来我给阿里巴巴、腾讯、百度的小伙伴都打了电话咨询了下，答案果不其然，总结起来一句话：除非你做算法相关的，否则学很高深的数学没太大用，月薪三万以下的编码工作，初中数学水平就够了。

三、关于年龄

我被问得最多的问题是，我今年××岁了，还可以改行做程序员吗？说实话，我认识不少三十五岁以上改行当码农的，这个行业门槛低，前途也不错，你要是不确定自己适不适合，按照我之前写的，看看自己能不能写完第一个阶段的一万行代码。如果你写完了，看看能不能写到五万行，如果能写到，你确实适合搞这个。这些需要多长时间完成？事实上你要是合适的话，很快就完成了；不合适的话，估计这辈子都达不到，写几行就忘记这回事了。

不要把你的想当然作为选择的依据

很多人高考后不知道选择什么专业,其实选择专业真的是一门很大的学问。我认为人们首先需要纠正的是对经济学和管理学的误解,很多人以为学经济就能学到如何赚钱,或者以为学了管理学就能当领导。根据我多年以来的经验,好像没有发现用人单位打广告,上边写着"聘请经济学专业毕业生,待遇优厚"或者"高薪聘请领导"。

很多人学了经济学和管理学,很大可能去当了中介。并不是说做中介不好,我认识一些中介,比我年轻五六岁,赚得跟我差不多,但是一般情况下气质形象俱佳才行。

现在一般正儿八经的公司选拔干部的规则都和华为选用人才的标准一样,也就是韩非在《韩非子·显学》里说的"宰相必起于州部，猛将必发于卒伍"，从基层员工里选领导，以后企业用空降兵的情况会越来越少。

很多人偏爱金融学专业，他们认为学了金融学就能够非常有前途，其实金融学专业没有大家想象的那么有前途。这个领域我很熟，因为我身边有一堆金融从业者，和他们熟识是因为同样喜欢历史。

金融领域的薪资收益存在明显的"头部效应"，也就是头部的1%拿走了整个领域几乎所有的钱。更让人难以理解的是，金融行业的收益模式和很多人想象的完全不同，一些人以为金融数学好非常重要——通过数学模型来分析经济，通过炒股或者其他操作来盈利。事实上是你想多了，这可能是影视剧误导了你。绝大部分金融领域的高手依赖的是关系网、笔杆子、嘴皮子。这个让人很费解，不过事实确实是这样的。

我认识几个在金融行业做得不错的，他们都是文笔了得，能够下笔千言。当然，他们最大的本事是能筹到钱，认识很多人，而且他们也不是学金融学的。

我不建议你学金融专业的另外一个原因是，金融专业的留学生太多，因为这些年英国把接受中国留学生当成GDP的重要组成部分，去英国留学很容易，去了之后绝大部分都是选择金融专业。

我也不建议你学历史，因为喜欢历史是一回事，学历史又是一回事，毕业后很难找到有前景的工作。

我重点来说说计算机专业，因为我最了解这个行业。

首先，做码农肯定是可以的。在计算机行业，只要细心、认真，天分不高的人也能达到很高的水平，收益也很好。将来计算机行业的人才需求肯定是海量的，这是因为：代码不是写出来就完事了，海量代码对应的是海量的维护人员、集成人员。另外，计算机行业普遍潜规则较少，行业相对自由一些，没有什么官僚气，高水平的人，只要脾气别太臭，一般很难被埋没。

其次，当码农的学习途径非常多。如果将来当码农，不一定要学软件工程，学习计算机、通信专业都可以。我不建议报考软件学院，因为这个学院的学费非常高。如果本科不是重点大学，可以将来考研究生的时候重新努力一把，平时学好英语，上名校的概率还是挺大的

我在很多文章里反复强调过，当码农最重要的不是天赋，也

不是数学，月薪三万以下的码农只需要初中数学水平，最重要的是获得"语感"。

一个人如果想做码农，他只要在大学的时候多写多练——从大学一年级就开始攒代码的数量，如果他能坚持四年，会远远超过其他同学的编码能力，毕业的时候能把面试官吓一跳。

我去过很多高校招生。在面试这些学编码的同学的时候，我发现，80%的学生整个大学代码量不超过两千。只好招聘了这些人以后重新培训他们。

最后，码农界的工资差距非常大。基层的复制粘贴码农每月可能也就能够温饱的水平，但是能做性能优化和架构的码农，月薪五万以上很普遍，倒不是多难，是需求很大，造成供不应求。将来选择职业时候要选艰苦、有挑战性的那种项目，去攻山头，长期收益特别大。

第五章 年轻的时候，我们该如何选择

技术才是硬通货

每年高考后，很多人面临选大学专业的难题，很多读者建议我写一篇如何选择专业的文章———一部分人是因为自己要上大学了，一部分人是自己的侄子和亲戚要选专业上大学，他们不甘心坐在旁边说一些无关痛痒的话，想给自己的家人、亲戚一些专业的建议。

有的读者不知道在哪里看到一个梗，多次问报考哪个专业毕业后能够月薪八万。我确实见过毕业就能拿到这么高工资的人，不过这种人数量并不多。

今天我把自己知道的关于选专业的事分享下，供大家参考，说不准有用。当然了，你肯定不会只看我一个人的建议，毕竟我说的只是一个侧面，期待能够提供给大家一些有价值的参考。

首先我们得强调几个基本常识：

一、除了部分专业性极强的专业，比如医生和律师，绝大部分人在毕业五年内就开始折腾跟自己专业无关的事。尤其是当下的时代，人们对未来的确定性越来越低，有些专业人才在市场上根本没有匹配的工作。我的一个朋友毕业多年了，尽管继承了他父亲的洗车店，现在还经营得不错，不过他依旧长期关注人才市场的招聘信息，查看有无招哲学系毕业的职位。每次看到没人招哲学系的毕业生，就感慨家里有钱真是好，可以去读一些没什么用的专业。

二、能去大城市就去大城市。为什么我经常说年轻人争取去大城市呢？那些小地方人事复杂，盘根错节，相互提携，不管做什么事都得找人。

小地方本质还是人情社会，不像大城市是陌生人社会，相互之间遵守简单规则，反而相处容易得多。不过也有个问题，如果在大城市将来发展不下去，回到小地方，会过得有点痛苦。

之前总有人感慨大城市里邻居之间比较冷漠，其实这才是正常社会。村里那种互相都认识，天天互相打探，流言蜚语不断，每走几步就得跟人打招呼才让人身心疲惫。

这时候肯定有人要问了,大城市房价高怎么办?——大城市房价高主要是有人购买,繁荣赋予了一堆砖头以价值,偏远山区、索马里、委内瑞拉的房价并不高,你也不会去买,所以房价高是繁荣本身。

你的竞争力如果能跟得上大城市,自然买得起,在大城市工作,收入往往是曲线增长而不是线性增长,你往往干着干着会有一个跳跃。当然,如果没有获得曲线增长,也要保持平常心,咱们绝大部分人都是普通人。

美国人经常说"give a shot",也就是"打了一枪",或者"尝试过",一枪没开是遗憾,开了没打中就拉倒了,纠结也没用。我们尽量避免自己成为那种一辈子没做过艰难决定,没冒过险的人,就可以了。

受过教育的成年人思考问题,一定要少用"平均"这个说法,多用"二八定律",比如中国人平均收入×××,很多人还觉得我们的收入很低。接受过教育的人第一反应是,我国接近三亿人接近欧美的经济水平了啊。如果我国没有达到三亿人接近欧美的经济水平,那三亿人再来一次"二八定律",最后那六千万人的经济水平妥妥达到欧美发达国家标准了。

三、除非比较特殊的情况，可以先选学校再选专业。你毕业两年后，基本上没人问你哪个专业的，因为很多专业你说了别人也不懂，但是你说大学名字，别人永远都可以第一时间给你的大学找个位置放进去，比如"厉害，名校啊"，或者"嗯，还不错，应该不是985就是211"，再或者"没咋听说过，应该和驻马店职业技术学校差不多吧"。等到你工作五年之后，几乎不会有人关心你的专业了，你的标签是由你之前工作的单位和你的毕业学校共同组成的。

四、大学其实教不了你多少东西，基本全靠毕业后自己学，这也是为什么我一直在说保持学习的能力。"学习的能力"有两重意思，一是不惧怕学习新东西，二是知道学习曲线，能够顺利抗过学习新知识初期的挫折感。

我主要讲下我了解比较多的专业，免得误人子弟：

我先讲一下金融领域，我对金融领域比较了解。大家首先要纠正"学金融就可以赚大钱"的荒谬认知。相比其他领域，金融领域更像是"明星圈"。世界上有两种职业，一种是呈现出明显的"头部效应"，也就是这个行业里1%的人拿走了99%的钱，金融就是这么一个领域；此外还有直播行业，头部的主播一晚上可以赚一辆法拉利，头部以下的主播只能喝汤。另一种是金字塔形的，头部的工作人员能赚很多，但是不会拿走太多，比如码农领域，我们公司最顶尖的码农跟普通码农的收入也超不过三倍。

好像很多从事金融的人都爱历史，因为我也爱好历史的缘故，认识了一堆从事金融行业的。我哥以前非常仰慕金融领域的金领气质，名校物理专业毕业，数学非常厉害，自信满满地进入了金融领域，梦想着用数学搞个模型之类，就像华尔街那些精英似的玩交易。后来他去了国内知名的一个基金公司，变成了一个金融行业的中介。是的，生活就是这么惨无人道。

你以为的金融从业者都打扮得光鲜亮丽，坐在豪华的办公室里操作着计算机，在金融的世界里指点江山。而现实里绝大部分金融从业者都是站在街头，摆上一个小桌子、小凳子之类的在那里招揽办信用卡的人。

当然了，我哥做金融中介不代表他赚得不多，他的主要工作是说服一些有钱人去买他们公司的一些理财产品，他从中抽成，旱涝保收。合同里写得很清楚，盈亏由客户自负，他们中介主要收固定的管理费。通过这么多年的折腾，他成功取得了一群有钱人的信任，每年都会投，他每年就算不去开发新客户，收入也比那些互联网大公司的产品经理赚得多。

我问过他金融行业的事,他表示绝大部分都是做金融中介的,因为这个领域最难的事情不是怎么交易怎么赚钱,绝大部分交易员的交易盈利情况都赶不上大盘涨幅,剩下的交易员业绩还不如只猴。既然这样,往往基金公司会买一个组合,也就是一堆以往业绩不错的股票,放在那里慢慢涨,跟着大盘自由摇摆,基金公司最重要的任务就是去找客户买基金之类。有了钱以后什么都好说。

大部分银行或者金融公司招聘工作人员,很多人被招聘了以后经常是当了前台,痛苦至极。每年都有一堆人找我说这事,当然了,我也只能是听听,给不出什么合理建议。

金融专业的人严重过剩。最近五年,我每年都会去一线招聘,因为现在国内的大公司,比如腾讯、阿里巴巴、华为等大公司,都开始让项目负责人去招聘,人事经理只负责把关,看看应聘的人有没有精神病或者心理素质怎么样,所以我这样的技术相关领域的就得去招聘。我在招聘的过程中发现一个问题,就是海归[①]太多了。软件行业海归非常多,金融行业的海归更多。可能

[①] "海归"指的是海外留学回国就业的人员。

是拜前些年对海归的无底线崇拜，大批在国内考不上好大学的孩子被送到了海外去深造，这些人严重拉低了海归的含金量。

最近几年人事经理基本都专业化了，小公司我不知道，大公司的人事部门到处是留学归来的Linda和Abby，事实上留学生回国做人事已经是行业惯例了。这些留学归来的人当然最了解留学生——有次吃饭，一个叫Jade的女生给我们普及了哪些大学是可以直接花钱上的，哪些大学只收有钱人，哪些大学是普通人无论如何也上不起的。我当时听得一愣一愣的，毕竟我们这些国内的学生十万以内就可以把大学读完，有人甚至没带钱就去上大学，靠的是亲戚、邻居的支持就能把大学读完。人家留学生要花数百万。她一句话总结，英联邦的毕业生整体优势非常低，北美的相对较高。英联邦包括英国、澳大利亚、新西兰等，大家去留学的时候仔细考虑下。这个趋势现在已经很明显，再过五六年会更加明显。

为什么讲到留学生了呢？因为这些年去海外留学的十个里面有七个是金融专业，而金融行业的整体需求量并不高。

如果你家里条件好，并且对这个金融行业心里有数再去报考；如果家境一般，以为学了金融就可以赚钱，我劝你尽快放弃幻想。

再来说下码农。码农里有将近一半不是计算机专业或者软件专业出身的，很多都是自动化机械专业的，也就是说如果你大学没读计算机专业，将来去做计算机相关的专业，也没有太大门槛。

能够拿到高工资主要是集中在互联网大公司中，这些公司财大气粗，所以工资高。此外还有一些刚融到资的公司，这类公司现在很少了。2018年的时候，有的刚融到资的公司工资高到离谱。我曾招聘过一个人，转眼就被一家新公司以月薪八万抢去做区块链了，后来市场上突然没钱了，倒闭了一堆企业，其中包括这个人去的企业，因此这个人也失业了。

虽然码农的工资不会再像以前一样出现井喷式的高工资了，但是码农这种智力密集而且有一定门槛的行业，注定在很长一段时间内工资不会太低。

大家肯定有纳闷的地方，那么多人去做码农，会不会饱和？饱和倒是也够呛，而且码农也分三六九等，饱和之后可能会拉低整体的工资，不过优秀的码农依旧可以去好的公司继续升职加薪。

每年码农写那么多代码，代码就跟吃剩下的饭一样，放久了就发霉——如果没人维护，产品很快就没法用了，这也是我为什么说将来代码会越来越多，需要的码农也越来越多。至于人工智能，听听就得了。如果你现在就担心人工智能会取代你，干什么都担心惊怕，那你趁早别干了，不用等人工智能取代你，你周围的人就把你给取代了。

当然，做通信工程师之类的码农并不是十分轻松的事情，尤其国家级的通信网络复杂极了，每台设备都有上亿行代码，而且包括几十个厂商，出现了不以人意志为转移的混沌性和随机性，经常不知道它为什么坏了，不知道为什么它又自己好了，所以各国都尽力想一些办法来增加网络的稳定性，一些国家甚至有给服务器开光的习惯。

很多读者觉得我写的历史很有意思，于是他们就问我将来去读历史专业怎么样。我非常不建议读历史专业。如果你喜欢历史的话，和我一样研究就可以了，不然学了这个专业大概率一毕业就失业。

我也不太建议家里没有经济实力的人去读经济学专业，参考我上面讲到的金融学专业的就业情况。从我了解到的情况来看，经济、金融知识主要对写财经类文章那类人有大的价值，因为那些复杂的金融用语只有在吹牛时候才有用,真实的金融业主要是谈项目、谈分红。你天天讲经济学术语和金融学术语,但是你的客户是那些有钱人或者企业家,他们既不懂经济学又不懂金融。想赚钱,你学经济学和金融学还不如去学会计。

我之前做过调查,几乎所有学了医的小伙伴都反应自己极其忙,赚钱虽然还行,但是真的非常疲劳。

如果你去过美国就会发现,那边的医生都是金领。我之前提到过,我认识的一个美国牙医家里竟然有小飞机,着实把我吓了一跳,后来才知道美国牙医能赚这么多的有很多。医生在美国是卖高端服务的。在我们国家,医生是为老百姓服务的,他们真的很辛苦,是很值得我们尊敬的群体。

我说了这么多,很多人会问,你能不能不拐弯抹角,能不能一句话概括下?——总结起来就是:如果你家很有钱,选什么都没问题,你甚至可以去学哲学。但是如果你跟我一样出身很普通,我建议往技术层面的专业上靠,技术类的专业几个好处:

首先,技术是相通的,而且你学了技术性强的专业,选择的余地要大得多——你学了自动化专业分分钟可以去做计算机专业的事,你实在做不了计算机专业相关的事情,还可以去链家卖房。

如果你不是技术专业出身，想去做技术，你就得从头再学技术，不管是时间成本，还是金钱成本，都要大得多。这也是为什么学数学的人转行比较容易，尽管我经常说月薪两三万的码农只用得着初中数学，主要是他们学的是硬通货的知识。

其次，学习技术可以有效治疗自大狂的病。一般长期不干技术，就会产生一种怀才不遇的错觉。只有你学技术，才会知道随便一个小问题都可以让人折腾好几个通宵，人多多少少会谦恭一些；也会开始意识到社会比较复杂，而不是天天批评社会这不正常那又不对。

最后，学了技术强的专业容易找工作，骑驴找马嘛。玩过《绝地求生》的人都知道，有时候着急找辆车，跑断腿都找不到，但是一旦先找辆车，哪怕是个破摩托，很快就可以找到别的车，找到车之后就能发现到处是车。把握住一个大机会之后，人生到处是机会。

另外，大家不要被社会上各种猎奇、夸张的新闻给迷惑了双眼，现在远远没到"月薪一万活不下去"的地步，埋头做好自己的事，抬头随时关注趋势，毕竟，坐在潮头，奋斗一年顶十年。

第六章

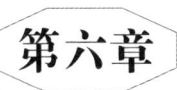

看懂趋势，掌控未来

最可怕的事，是你对"经济周期"一无所知

这段时间我听得最频繁的一个词就是"寒冬"，全世界都在叫苦连天，又是裁员又是闹腾，在一些国家又引发了别的问题。很多人比较纠结，什么时候才是创业进取的好时机，什么时候又该待在家里静观其变。其实一句话就能说明白，凡事最好在周期启动时候做。那么该怎么识别周期呢？看完这篇文章你就明白了。

我印象中似乎每隔几年就会有人说"寒冬"来了，但是过一段时间又不提了，大家都红红火火地去过日子。这其实就是经济周期。经济上行、变好的时候，大家过得顺风顺水，有声有色，斗志昂扬；到了经济下行、企业盈利能力下降、不涨工资，甚至开始裁员的时候，是大家感觉最明显的"寒冬"，就是经济周期中的谷底。

那么问题来了，为什么会有经济周期呢？

信贷带来了新玩法

这就要从经济运行的基础——信贷说起。

农业时代的商品生产是小作坊式的，融资模式也很简单，就是自己攒钱自己投资。

比如，有个裁缝开了个小店，生意不错，打算在另一条街上再开一家，那他会把现在这家店的盈利攒起来，作为下一家店的前期投入。这个资金积累的过程很漫长，但是风险很小，即使新店生意不好，或者经营不善倒闭了，并不会影响老店的经营。

大家熟知的爱马仕，最早就是个做马具的小作坊，初代头目爱马仕本人也是个出身寒微的皮匠工人，他们家族用了近百年，才把那个小作坊搞成了稍微有模有样的大厂子，中间的逻辑就是：缓慢积累利润，然后用这些利润去扩展业务，开新的厂子、新的店铺，不断滚动，熬死同行，成为国际巨头。

这种慢悠悠的发展速度让现在的企业看的话能急死，不过那个时候大家都是这么发展的,直到工业化时代的到来,银行业强势介入,才改变了玩法。

工业时代的商品生产模式是大规模、专业化生产,前期投入巨大,需要厂房、流水线、工人等。自有资金的积累很明显不适合这种生产模式,需要有大规模、更专业的融资模式。银行、资本市场就是为了适应这种大规模的融资需求出现的。

有了银行、资本市场,就意味着可以借钱了,也就是信贷。企业可以向别人借钱,比如发行股票、债券等从市场筹集资金、投入生产;个人也可以向未来的自己借钱,以时间换空间,比如买房贷款。

我们熟知的德意志工业,就是银行贷款催熟的,几乎一夜之间就出现了。在普法战争之前,德国(那时候还没现代德国,只有一堆小国家)也是工业底子薄弱,但是等到普法战争结束,抢到了煤炭和钢铁矿之后,疯狂地增加产能,从银行贷款修铁路盖工厂发展重工业,而且开始大规模投资新科技,很快就成了欧陆强权国家。

美国也一样,美国建国没多久就疯狂上产能搞基建,资金哪来的?基本都是到英国融的,也就是去英国国内发行债券,那时候的英国跟现在不一样，是世界资本之都，大家需要钱都得去找英国人，清朝还战争赔款也得找英国人贷款。美国人借钱修铁路，修运河，热火朝天。

如果没有银行的筹集资本，德国和美国基本不大可能发展起来。用马克思的话说，如果攒够钱才修铁路，那铁路永远也修不起来。

现代产业模式就是：先借钱，再建设，赚钱后还借款，相当于把未来的钱搬到现在用，或者说把大洋彼岸的英国闲置资金搬到美国来用。这也是金融最大的功能，可以跨时间跨空间配置资源。

这样做也有个大问题，美国那些年每隔几年就发生金融危机，欠钱太多还不上，破产重组后继续去借钱。大家熟知的摩根财团，最早就是美国在英国的金融掮客，拿着美国的项目去英国融资借钱，将来还不上再搞债转股什么的。

现代经济依赖信贷，但信贷是自带扩张和收缩周期的。

泡沫，终会破灭

信贷的扩张和收缩周期与经济的繁荣和衰退周期重合，并且是相互促进的关系。

经济的上行起点一般是因为技术的进步或者出现其他巨大的需求缺口，比如美国20世纪的互联网繁荣、日本的家电狂潮、中国这一轮的移动互联网大爆发。

1847年，英国发生了一次金融危机，连大英帝国的央行英格兰银行都差点倒闭了。

当时的情况是这样的。1843年，清朝跟英国的鸦片战争战败了，清政府同意五口通商，全面开放中国市场，那可是三亿人的超大市场啊，英国资本家都惊呆了，觉得帝国海军立了大功，竟然打下来那么大的一块市场，这得卖多少棉布啊。

当时英国的资本利率比较低，英国资本家开始疯狂上产能，贷款开工厂雇工人买机器，机器厂商也觉得是一个机会，也贷款买车床买钢铁生产机器；而且因为大量的原料要运输，当时甚至发行股票修了铁路。一时间，似乎整个国家每个人都赚了钱，全国欣欣向荣，迎来了一波新的红利期。

但是到了1847年，短短三年，就发现出了问题。因为1846年发生了饥荒，英国政府得拿钱去买粮食，彼时的粮食大户美国和法国，都趁机拉高粮价。英国政府没钱，就只好去英格兰银行贷款，银行借钱给政府买粮食，就没钱贷款给资本家。为了加快资本家还钱，银行还收紧银根，提高利息了。

这下出大事了，因为投资的工厂还没开始盈利，银行就不给贷款了，这些厂子都搞了一半，一匹布都没生产出来呢。银行断了血，只好破产倒闭，遣散工人，资本家赔了个底掉，工人也大规模失业。

而且这些厂子欠了银行一屁股钱，根本还不上，那时候的货币是金银，没法印钞，导致英格兰银行差点倒闭。一个国家的央行差点倒闭，你听说过这种事吗？

当然了，就算没这次饥荒，英国这一轮大泡沫也得破灭，因为后来的事实证明清朝的人民根本不买英国人生产的睡衣、睡帽、燕尾服，而且很快爆发了太平天国运动，就更不买了。

美国人当时比较机灵，把握住了市场，发现清朝当时战乱不断，最需要的是武器，卖枪赚了不少，比如大家熟知的罗斯福家族，就是从对清朝卖貂皮、西洋参和枪炮贸易起家的。这个西洋参比较有意思，美国人把那玩意儿当萝卜使，煮牛肉的时候偶尔放，后来发现清朝对它的需求比较旺盛，就拉中国来了。经济周期也没饶过美国，等到清朝打完仗了，不需要那么多枪了，美国企业又跟着倒闭了一大堆。不过罗斯福家族已经改行去做房地产和金融了。

通过这个例子大家也就可以明白经济周期了。

经济处于上行阶段的时候，也就是出现需求，或者技术进步，一切看上去欣欣向荣，大家都看好市场，觉得会一直增长。

企业会冲动借贷，扩大生产。大企业的借贷途径比较多，可以向大银行借钱，也可以发行股票、债券等。中小企业可能会向民间金融机构借钱。资本市场也会冲动借钱给企业，因为他们认为借贷出去的钱都能连本带利地收回来。

企业有了钱，会扩大生产规模，给员工加薪，雇更多的员工，搞得有声有色。这样员工手里有了钱，也就有了消费的欲望，买房、买车、买奢侈品，需求增加进一步刺激供给，企业借更多的钱，扩大再生产。

个人买车、买房贷款，企业借贷扩张生产等一系列操作下来，自然会产生大量的杠杆，整个社会的负债率都上升，也就是泡沫产生了。

在1989年年底之前，日本房价和股市在低利率刺激下疯狂上涨，直到1989年年底，日本历史上著名的"疯狂原始人"三重野康出任日本央行行长。他上台后日本五次提高利息，终于在1990年8月，日本的利息由超低的2.5%飙升到了6%。这下出了麻烦，股市和房市都被断了货币供应，没人接盘了，涨不动了。随后急转直下，迅速就崩了。

家庭是这样，企业也是一样的。市场上稍微有点风吹草动，利率上涨、需求下降、产品降价，都可能会让企业的利润赶不上利息，这时企业只能裁员，砍掉利润率低的业务等。

不管是家庭被迫卖掉房子，还是企业被迫砍掉生产线，不仅会让个人和企业的资产价格进一步下降，而且会让悲观的情绪迅速蔓延，使得整个市场的预期从乐观变成悲观。

你看到"××企业准备裁员"的新闻，是不是也会默默地把旅游计划暂时放一放，以防哪天领导暗搓搓地把你拉到了"待定"名单里。

"9·11"之后,美国为了提振经济,把利息降到了接近零。这种情况下,大家肯定是抓紧时间买房、买车、买吉娃娃,企业肯定扩大再生产,银行也会尽量多往外出贷款赚利息。

大家都在贷款买房,房价一直涨,没买房的人看着房价一直涨,也憋不住赶紧去贷款买房。全社会买房,等到美联储一拉高利息,立刻有一大堆人还不上贷款。贷款断供,银行拍卖房子,房价进一步暴跌,加上美国巨大的金融衍生品挖出来的坑,引发了次贷危机。

经济危机的本质都是债务危机

人们可能会纳闷,美联储和日本央行有病吗?为什么要拉高利息?这事不复杂,借出来的钱太多了,眼看着还不上了,还不得拉高利息控制借钱速率,降低风险?

如果你还是不理解这个现象,我举个例子你就明白了。假如你是你们村的土财主,平时给大家放贷为生。有段时间大家说贷款养猪,你也觉得这事能成,不断贷给大家,慢慢有一天你开始担心大家贷款太多,万一还不上怎么办?你准备把贷款回收回来。怎么操作呢？很简单，你说利息变高了，原来大家借你家钱每月利息一万块，一夜之间变成利息十万块，大家可不就着急给你把钱还回来了？

加息之后经济体里的现金会急剧减少，很多在投的，或者要投资的项目只能砍掉，一些初创公司可能就倒闭了，员工下岗了，可能为了省钱，不去宠物店给家里的宠物狗理发，自己拿个剪子在那里折腾，反正宠物狗也不介意。时间长了，宠物店可能也要裁掉一个宠物理发工，店长觉得反正来的人少了，不如自己亲自上。看出来了吧，加息后所有的行业都在收缩。同理可推导到其他领域，一片肃杀。

说到这里，大家应该明白特朗普为什么那么厌恶美联储加息了吧？因为加息会导致经济进入下行周期。当然了，美联储不仅加息，还缩表。什么是缩表呢？大家可以简单理解为要把市场上的美元收回来，这必然会引发经济的降温。

现在特朗普日常和美联储主席闹矛盾，一度还准备撤了美联储主席，后来尽管没撤成功，但经常性地被特朗普进行人身攻击和公开侮辱："鲍威尔和美联储再一次失败。没胆，没常识，没远见！一个糟糕的沟通者！"

"和往常一样,鲍威尔让我们失望了,但至少他结束了量化紧缩政策,这本来就不应该开始——没有通货膨胀。无论如何,我们正在赢,但我肯定不会从美联储得到多少帮助!"

"美联储如果不降息的话就是失职。看看我们在世界上的竞争对手,德国等国家借钱还有收入。美联储加息太快,降息太慢!"

上边这几段都是特朗普的推特上发的,大家看完就懂了他有多反感加息、缩表。

当然了,特朗普也有少还国债利息的打算,毕竟特朗普上台后又是减税又是搞经济刺激,欠了一屁股钱。现在美国政府被国债压得喘不过气来,如果利息低点就可以少还钱;可是,持续低息就意味着泡沫进一步被吹大,至于怎么收场,我们唯有拭目以待。

到现在,大家明白了经济学家经常挂在嘴上的那句话了吧?经济危机的本质都是债务危机。

有了技术突破或者新需求的时候,大家一片乐观,借钱生产、借钱消费,前期欠钱太多,玩得太激进,或者用时髦话讲,杠杆率太高，等到大家意识到风险，银行开始不再随意放款，还不上了，破产倒闭，遣散工人，经济危机也就来了。

等到该破产的已经破产完了，该还的钱也都还上了，杠杆率下去了，银行自然会调低利率，等待着下一次喷发。

第五章 年轻的时候，我们该如何选择